U0251914

中等职业教育产教融合立体化系列教材

服装
三维仿真虚拟设计

主　编◎邹旖旎　叶　菁
副主编◎刘春伶　汪小林　刘延伟

四川大學出版社
SICHUAN UNIVERSITY PRESS

图书在版编目（CIP）数据

服装三维仿真虚拟设计 / 邹旖旎，叶菁主编． — 成都 ：四川大学出版社，2023.1

ISBN 978-7-5690-5189-6

Ⅰ．①服… Ⅱ．①邹… ②叶… Ⅲ．①服装设计－计算机辅助设计－中等专业学校－教材 Ⅳ．①TS941.26

中国版本图书馆 CIP 数据核字（2021）第 240700 号

书　　名：服装三维仿真虚拟设计

Fuzhuang Sanwei Fangzhen Xuni Sheji

主　　编：邹旖旎　叶　菁

选题策划：王小碧　宋彦博

责任编辑：宋彦博　刘一畅

责任校对：李畅炜

装帧设计：墨创文化

责任印制：王　炜

出版发行：四川大学出版社有限责任公司

地址：成都市一环路南一段 24 号（610065）

电话：（028）85408311（发行部）、85400276（总编室）

电子邮箱：scupress@vip.163.com

网址：https://press.scu.edu.cn

印前制作：四川胜翔数码印务设计有限公司

印刷装订：成都金阳印务有限责任公司

成品尺寸：185mm×260mm

印　　张：9

字　　数：215 千字

版　　次：2023 年 3 月 第 1 版

印　　次：2023 年 3 月 第 1 次印刷

定　　价：48.00 元

扫码查看数字版

四川大学出版社
微信公众号

前言

服饰文化与服装产业是伴随着人类文明的进步而发展的。近年来，我国服装产业在技术创新和数字化信息技术应用方面有了很大的发展，实现服装产业生产过程的集成化、快速反应是数字化服装设计的发展趋势和目标。

服装 VSD（可视缝合设计）技术，正是利用数字化虚拟仿真技术，通过人体扫描仪精准地获取三维人体曲面形态，再利用几何计算方法对三维人体进行自动测量，得到设计和加工服装所需的尺寸，然后运用服装 VSD 软件绘制二维服装 CAD 样板，继而进行三维仿真试衣，从而实现在服装生产前就获得与实际样衣大致相当的试穿效果。同时，对需要调整的地方，可以通过服装 VSD 软件进行二维与三维同步联动修改。

三维仿真设计能有效推进服装设计教学的数字化进程，开辟服装款式设计、制图数字化的新途径，也是未来服装企业服装设计开发的趋势。为了帮助相关专业的学生掌握这门技术，我们编写了本书。全书根据职业教育的特点，围绕服装 VSD 技术、基于服装 VSD 软件的服装设计工作流程与特点、服装 VSD 软件基本操作等进行项目化演示与教学，主要讲解三维人体模型的建立及局部修改、二维服装 CAD 样板的制作、三维模拟服装原型设计、三维模拟服装面料覆盖及色彩浓淡处理、三维模拟服装效果显示（特别是三维模拟服装动态显示）和三维服装与二维样板的可逆转换等知识和技能。同时，为提升教学效果，我们录制了配套视频资料。每个视频都对服装三维仿真设计的相关基础知识做了简要介绍，并对需要重点掌握的知识点与技能点做了具体讲解，简单明了，有助于初学者快速掌握服装三维仿真设计的知识与技能。

本书由邹旖旎和叶菁主编，刘春伶、汪小林、刘延伟任副主编。编写分工如下：叶菁和深圳市远湖科技有限公司汪小林负责全书框架搭建和统稿，汪小林、邹旖旎、刘延伟负责文字撰写，刘春伶负责图片处理。视频资料整理由刘延伟、邹旖旎、刘春伶负责完成，视频拍摄由四川大学出版社完成。在编写过程中，深圳市远湖科技有限公司在内容审核、企业技术标准查阅等方面提供了大力支持，在此深表感谢！

此外，我们还参考了众多专家的成果，阅读了诸多前辈的文献，特在此表示衷心感谢。限于时间和水平，书中难免存在不足之处，恳请读者和专家批评指正！

编者

2021 年 9 月

目　录

第一章　基础认知

第一节　认识服装 VSD 技术

服饰文化与服装产业是伴随着人类文明的进步而发展的。从 20 世纪 80 年代起，随着计算机技术的日益发达，服装行业也开始广泛应用数字技术和信息技术，并由此掀起一场技术变革。尤其数字技术的应用给传统的服装设计方法注入了新的理念，给服装设计师带来了巨大的灵感和创造力，使服装产业的机械化和自动化程度大幅提高。

从广义的角度看，服装设计包括从服装设计师构思款式到服装生产前的准备工作的整个过程，大体可以分为款式设计、结构设计、工艺设计三个部分。如今，数字化服装设计已经应用到服装设计的上述各个方面。

所谓数字化服装设计，是利用计算机和相关软件进行服装设计，主要是利用服装 CAD（计算机辅助设计）和服装 VSD（可视缝合设计）技术进行服装设计。其中，服装 VSD 技术是本书所要介绍的主要内容。

一、服装 VSD 技术的产生和发展

20 世纪 70 年代，亚洲纺织服装产品冲击西方市场，西方国家的纺织服装企业为了摆脱危机，在计算机技术的高度发展助力下，完成了服装 CAD 软件的研制和开发。作为现代化设计工具的服装 CAD 软件，是计算机技术与传统的服装制作理念相结合的产物。对于服装产业来说，服装 CAD 软件的应用是历史性变革的标志。服装 CAD 软件利用人机交互的手段，充分利用计算机的图形学、数据库，使计算机技术与设计师的知识、经验、创意完美融合，从而降低了生产成本，减轻了工作负荷，提高了设计质量，大大缩短了服装从设计到投产的时间。服装 CAD 软件主要包括两大模块，即服装设计模块和辅助生产模块。其中，设计模块可用于面料设计和款式设计；辅助生产模块可用于面料生产和服装生产，如制板、推板、排料等。

随着经济社会的发展，人们对服装的质量、合体性、个性化的要求越来越高，二维的服装 CAD 技术已经不能满足纺织服装产业的应用要求，服装 CAD 迫切需要由平面设计发展到立体三维设计。由此，服装 VSD 技术应运而生。

所谓服装 VSD 技术，是以人体测量为基础，利用数字化虚拟仿真技术，通过人体扫描仪精准地获取三维人体曲面形态，通过基于形状分析的几何计算方法对三维人体进

行自动测量，得到设计和加工服装所需的尺寸，再利用服装 VSD 软件绘制二维服装 CAD 样板，然后进行三维仿真试衣，使设计师在服装生产前即可获得其款式、色彩等信息。同时，针对版型不合理的地方，可以通过服装 VSD 软件进行二维服装 CAD 样板与三维模拟服装的同步联动修改。

服装 VSD 技术与服装 CAD 技术的区别在于：它是在通过人体测量建立起的人体数据模型基础上，进行交互式三维立体设计，然后再生成二维服装 CAD 样板，以实现三维人体模型的建立及局部修改、三维模拟服装原型设计、三维模拟服装面料覆盖及色彩浓淡处理、三维模拟服装效果显示（特别是动态显示）以及三维模拟服装与二维服装 CAD 样板的可逆转换等。

服装 VSD 技术的基础是三维人体测量。三维人体测量通过获取的关键人体几何参数，建立静态和动态的三维人体模型，形成一整套具有虚拟人体显示和动态模拟功能的系统。服装 VSD 软件在此基础上生成服装面料的立体效果，在屏幕上逼真地显示穿着效果的三维彩色图像及将立体设计近似地展开为平面样板。

目前，建立在服装 VSD 技术基础上的服装三维仿真虚拟设计正逐渐向智能化、物性分析、动态仿真方向发展，相关的参数化设计正向变量化和超变量化方向发展，三维线框造型、曲面造型及实体造型正向特征造型以及语义特征造型等方向发展。其组件开发技术的研究与应用，还为服装 CAD 软件的开放性及功能自由拼装的实现提供了基础。将三维服装设计模型转换成二维服装 CAD 样板，牵涉到把复杂的空间曲面展开为平面的技术，这是服装材料的柔性、平面性所决定的需求，也是服装 VSD 技术的难点。国内外学者对此做了多项研究工作，得到了复杂曲面展开的多种方法，其中许多方法也已应用在实践中。

服装 VSD 技术在我国已经有十余年的研究和应用历史。大量服装企业通过使用服装 VSD 软件，大大缩短了产品设计与开发时间。更值得一提的是，借助服装 VSD 软件，服装企业可以通过网络开新产品订货会，或者通过电子邮件直接将三维模拟服装发给客户，让客户提前看到样衣。

此外，基于服装 VSD 技术和服装 NAD（Net Aided Design，网络辅助设计）技术的发展，人们还可以进入网络中的虚拟空间去选购时装，进行任意挑选、搭配、试穿，寻求最理想的穿搭效果。而服装企业可以根据自身情况，将服装 CAD、VSD、NAD 技术与管理信息系统（MIS）、柔性制造系统（FMS）、客户关系管理（CRM）系统、供应链管理（SCM）系统、企业资源计划（ERP）系统等组合成一个服装计算机集成制造系统（CIMS），从而提高服装企业信息化建设水平，促进服装企业管理模式、组织结构、商业模式的完善及业务流程的优化，全面提升企业的综合竞争力。

二、基于服装 VSD 软件的服装设计工作流程

1. 设置三维人体模型

在试穿的情况下评价服装的合体性、舒适性是最为准确的。设置三维人体模型是进行服装三维设计的第一步。设计者可先打开三维人体素材库，指定模型穿着服装样品，也可根据设计需要调整模型尺寸。除了可以对模型的 100 多个主要形体尺寸（如身高、

胸围、腰围、臀围、胸高点等）进行调节外，还可调整模型的皮肤、脸型、发型以及姿势和体态等。设计者可将不同地区的人体测量数据输入软件，修改素材库中提供的三维人体模型，建立自己所需的模型。修改结果可保存，以备下次使用。图 1－1 所示是根据真人数据设置的三维人体模型。

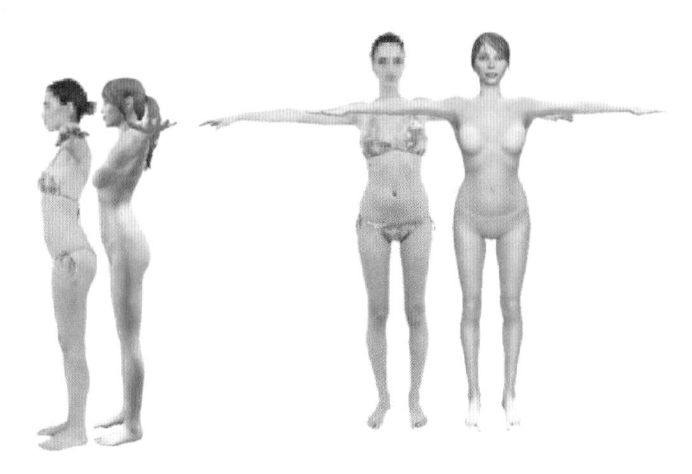

图 1－1　根据真人数据设置的三维人体模型

2. 二维服装 CAD 样板控制

要将设计好的二维服装 CAD 样板“穿”到三维人体模型上，首先需将二维服装 CAD 样板按照穿着位置依次排列在二维平面上，且要按其布纹方向放置；然后在二维服装 CAD 样板控制栏中设定名称、弯曲率、几何形状等参数；最后根据设计需要设置二维服装 CAD 样板所使用的面料等参数。

3. 缝合

衣服由衣片相互缝合而成。在服装三维设计过程中也需在二维服装 CAD 样板上设定缝线，才能将二维服装 CAD 样板缝合起来。设置缝线时，应使用车缝工具在二维服装 CAD 样板上设定一对一的缝线。例如，将前片和后片缝合时，应在前片与后片上设置一组对应的缝线。在该过程中要非常细心，任一缝线缺失，二维服装 CAD 样板就无法组成完整的服装。在服装三维设计过程中还可自由设定针距等，软件会根据设定参数自动模拟缝合。

4. 试穿

启动试穿工具，即可在三维人体模型上生成三维模拟服装，实现三维仿真试衣。三维仿真试衣可自然、真实地展现各种面料在穿着时的质感和肌理效果，且面料的花型、图案、颜色可由设计者随意更换。设计者还可根据不同面料的特性设定面料伸长率，提高服装在穿着时的合体性。

5. 样板修正

设计者可通过拖动鼠标任意旋转三维人体模型，从各个角度观察三维模拟服装各部位的细节和效果。通过特定工具还可观察三维模拟服装各部位的松紧程度。根据着装效果以及反映不同部位松紧度的拉紧图，设计者就可正确地修正二维服装 CAD 样板尺寸，改善服装的穿着效果，提高服装的穿着舒适度。

服装 VSD 软件工作原理介绍

三、服装 VSD 软件的优势

1. 可根据需求设置个性化三维人体模型

服装 VSD 软件的三维人体素材库中有从婴儿至成人的三维人体模型，如图 1-2 所示，设计者可根据实际需要对这些模型进行自定义调整并保存。

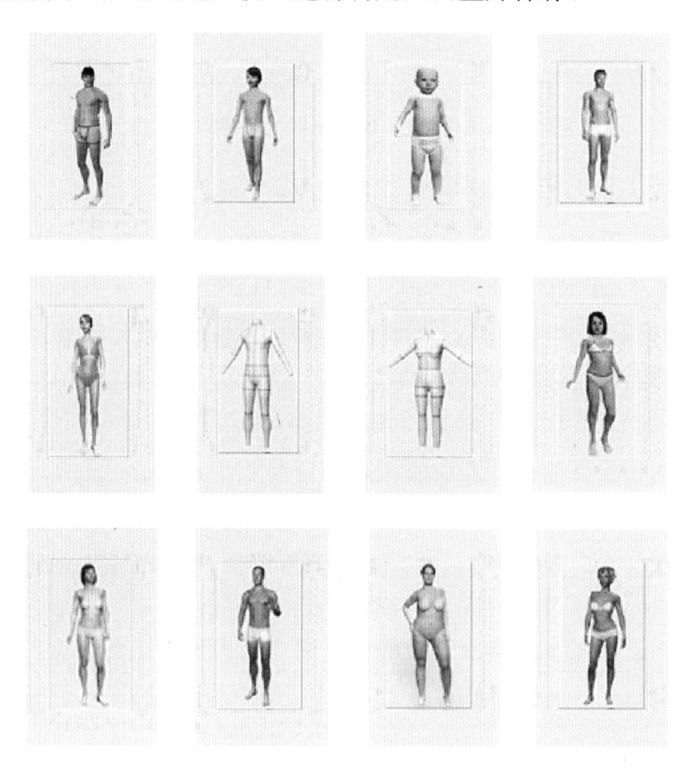

图 1-2 三维人体模型

2. 可全面提高服装设计工作效率

可视缝合设计（VSD）技术也称三维仿真试衣技术，是采用计算机仿真技术、图形技术以可视化方式将二维服装 CAD 样板转换成三维模拟服装的技术，如图 1-3 所示。其模拟出的三维服装能较真实地反映面料的特性，效果与实际成衣效果基本一致，如图 1-4 所示。应用该技术可大幅度提高产品设计效率与质量，改善劳动条件，降低设计成本，提高产品在市场上的竞争力。

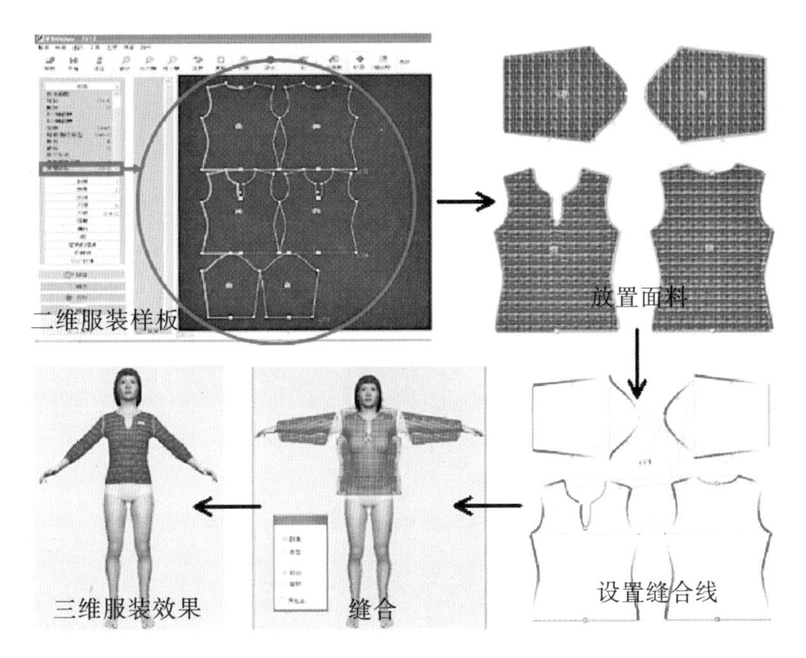

图 1—3　可视缝合设计工作流程

图 1—4　三维模拟服装效果图

可视缝合设计技术

可视缝合设计案例 1

可视缝合设计案例 2

3. 方便同款式不同颜色的组合设计

在服装 VSD 软件中，同款式不同颜色的组合设计不需要重新开发样衣，只需在软件中调整相关参数即可轻松完成，这样做可以减少设计师的重复劳动，大大提高设计效率，如图 1—5 所示。

图 1-5　同款式不同颜色的组合设计

同款式服装色彩搭配

4. 可快速实现同款式不同尺码服装的三维仿真试衣

设计者可在三维人体模型上快速试穿不同尺码的衣服，以便确认效果，如图 1-6 所示。

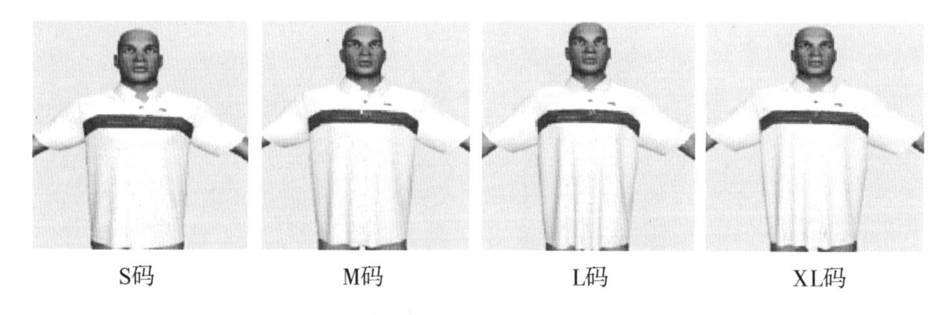

S码　　M码　　L码　　XL码

图 1-6　同款式不同尺码服装的三维仿真试衣

三维仿真试衣

5. 便于调整和确认设计效果

借助服装 VSD 软件进行三维仿真试衣后，可马上确认设计效果。如需修改，设计者可直接在三维模拟服装上以画线的方式做标记，对应的二维服装 CAD 样板上便会出现修改指导线，如图 1-7 所示。反之亦然。

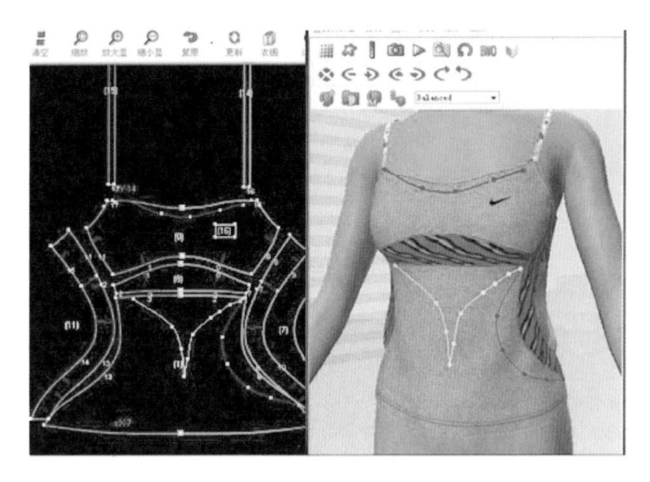

图 1—7 在三维模拟服装上做标记

样板调整

6. 二维与三维同步联动修改

在服装 VSD 软件中，可实现高效的二维与三维同步联动修改，即在三维模拟服装上进行修改时，二维服装 CAD 样板会同步变化，反之，在二维服装 CAD 样板上进行修改时，三维模拟服装也会同步变化，如图 1—8～图 1—11 所示。

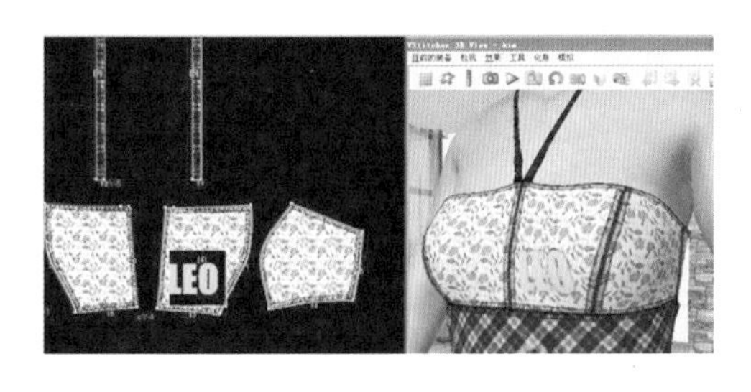

图 1—8 logo 的二维与三维同步联动修改示例 1

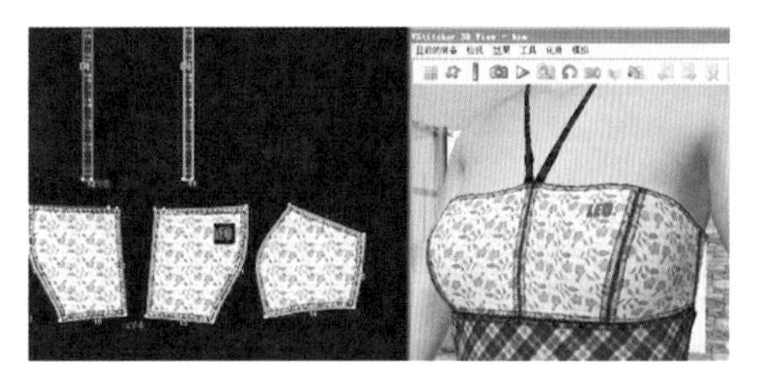

图 1—9 logo 的二维与三维同步联动修改示例 2

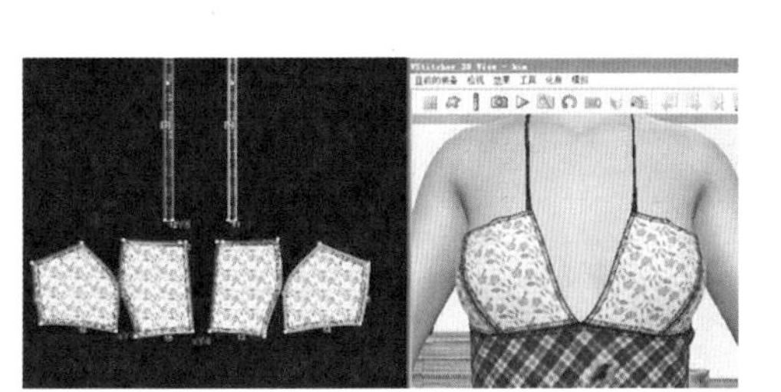

图 1—10 样板的二维与三维同步联动修改示例 1

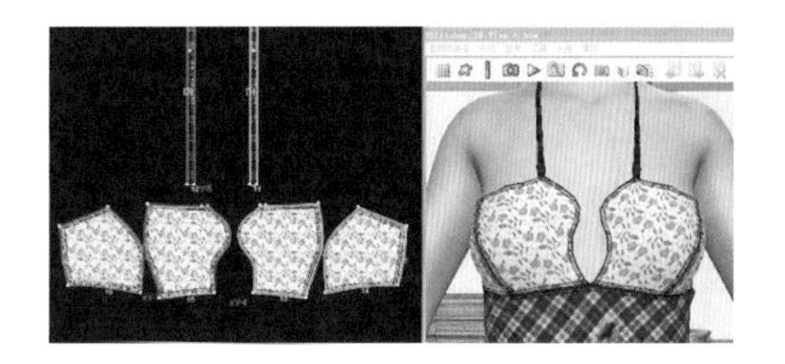

图 1—11 样板的二维与三维同步联动修改示例 2

二维与三维同步联动修改案例 1

二维与三维同步联动修改案例 2

7. 可快速植入面料素材

在服装 VSD 软件中，可快速将不同面料素材植入款式设计之中，如图 1—12 所示。

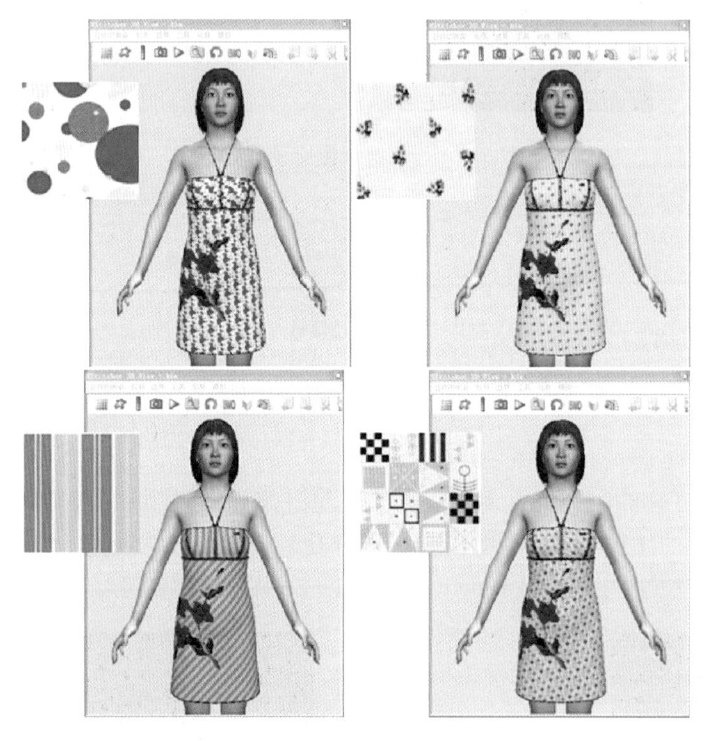

图 1—12　快速植入不同的面料素材

8. 可模拟不同特性面料的成衣效果

改变面料的材质时，三维模拟服装的状态也会随之改变，其效果与现实情况基本一致，如图 1—13 所示。

图 1—13　不同面料的成衣效果

9. 可通过特定工具判断服装的舒适度和松紧度

在服装 VSD 软件中，可通过特定工具（如表示松紧度的色卡，白色表示宽松，红色表示收紧）来判断服装的舒适度和松紧度，如图 1—14 所示。

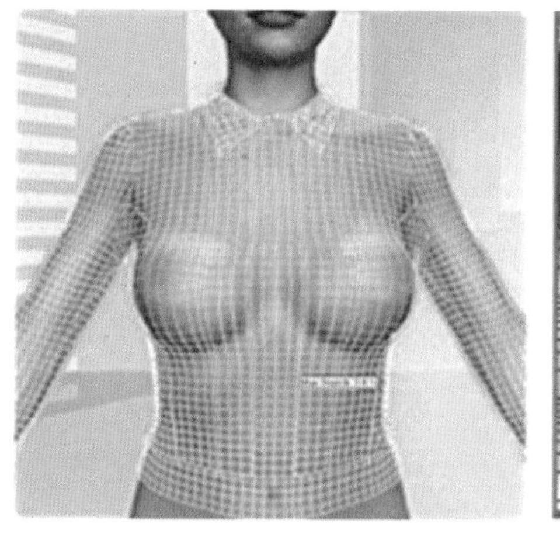

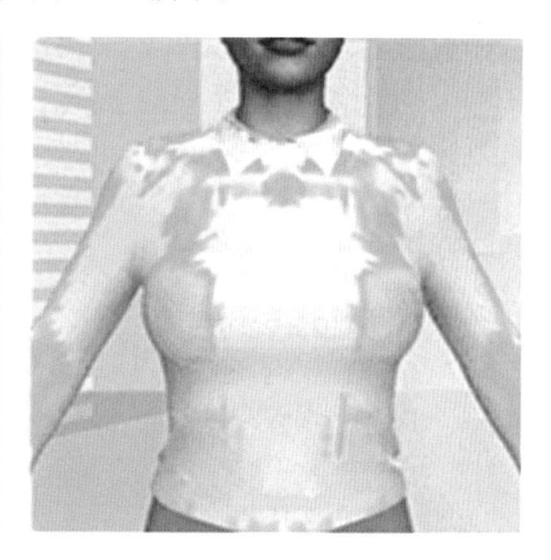

图 1—14 通过色卡判断服装的舒适度和松紧度

服装舒适度和松紧度调整

10. 可通过三维模拟服装生成二维服装 CAD 样板

在三维模拟服装上绘制好分割线，然后按确定的分割线剪开，即可得到准确的二维服装 CAD 样板，如图 1—15 所示。

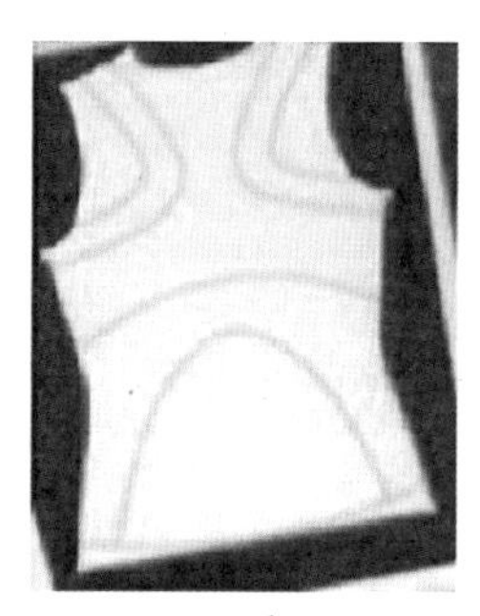

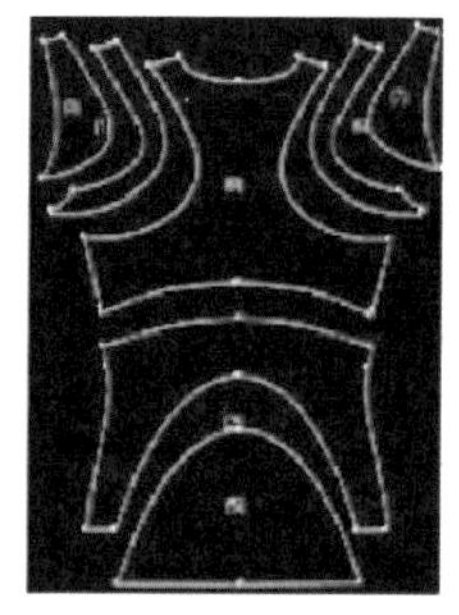

设计图 ⇨ 在三维模拟服装上画分割线 ⇨ 沿分割线剪开 ⇨ 生成二维服装CAD样板

图 1—15 利用三维模拟服装生成二维服装 CAD 样板

11. 可将三维模拟服装设计数据保存为电子文档

制作出三维模拟服装后，可将其保存为电子文档，以实现档案的快速传输，如图 1—16所示。利用这一功能可便捷地让相关各方确认产品效果，为产品开发赢得时间。

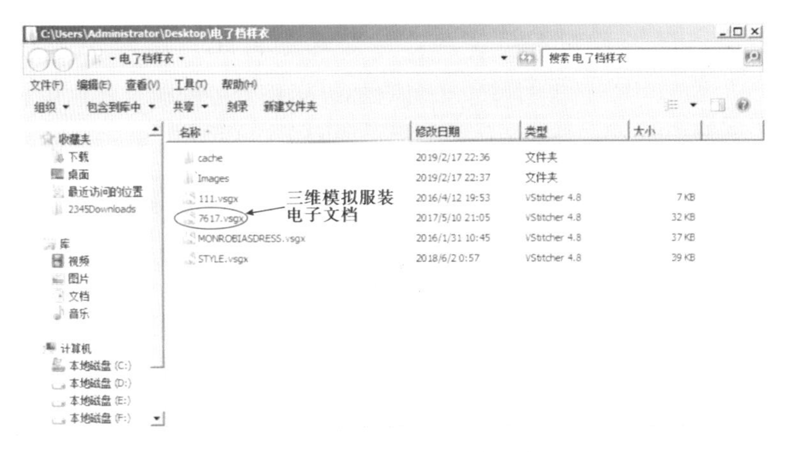

图 1－16　三维模拟服装电子文档

第二节　服装 VSD 软件功能简介

服装 VSD 软件的主要功能都是通过工作界面实现的，熟悉了其工作界面就能很快掌握软件的使用方法。其工作界面如图 1－17 所示，大致可分为标题栏、菜单栏、快捷功能图标栏、六大功能中心区、素材影像显示区、二维服装 CAD 样板工作区、三维仿真试衣工作区等区域。界面的右侧还有十余个功能键，具有隐藏或显示布料、缝合线等元素的功能。

图 1－17　服装 VSD 软件工作界面

服装 VSD 软件工作界面介绍

服装 VSD 软件工具条介绍

一、标题栏及菜单栏

标题栏一般显示有软件名称以及当前执行任务或打开文件的名称等信息，如图 1—18 所示。菜单栏位于标题栏下，如图 1—19 所示，包含档案、检视、工具等菜单，具体功能如表 1—1 所示。

图 1—18　标题栏

图 1—19　菜单栏

表 1—1　菜单栏功能说明

序号	名称	说明	序号	名称	说明
1	档案	打开档案文件	5	接通设备	读取档案
2	检视	查看工具窗口状态	6	视窗	打开三维视窗
3	工具	管理常用工具	7	说明	查看软件相关内容
4	支援	保存、打开 VSP 档案			

二、快捷功能图标栏

快捷功能图标栏位于菜单栏下，如图 1—20 所示，由十余个功能键构成，具体功能如表 1—2 所示。

图 1—20　快捷功能图标栏

表 1—2　快捷功能图标栏功能说明

序号	名称	说明	序号	名称	说明
1	开启	打开已保存的档案	3	清空	删除当前档案内容
2	存档	保存当前档案	4	缩放	放大/缩小画面

续表

序号	名称	说明	序号	名称	说明
5	放大	放大画面	10	衣橱	档案数据库
6	缩小	缩小画面	11	试穿	打开三维仿真试衣工作区
7	符合视	以默认格式显示	12	3D	打开三维视窗
8	复原	撤销上一步操作	13	移动	移动样板
9	更新	更新档案内容	14	色版	管理色版

三、六大功能中心区

六大功能中心区一般位于软件工作界面左侧的竖栏中，如图1—21所示，包含试穿、缝合、布料、附件、材质、3D工具列六大功能中心，具体功能如表1—3所示。

图1—21　六大功能中心

表1—3　六大功能中心功能说明

序号	名称	说明	序号	名称	说明
1	试穿	打开试穿功能中心	4	附件	打开附件功能中心
2	缝合	打开缝合功能中心	5	材质	打开材质功能中心
3	布料	打开布料功能中心	6	3D工具列	打开3D工具列功能中心

每个功能中心均包含诸多不同的工作中心（工具栏），调用这些工作中心中的工具即可完成相应三维设计任务。

1. 试穿功能中心

试穿功能中心拥有版型、对称等工作中心，如图1—22所示，具体功能如表1—4所示。

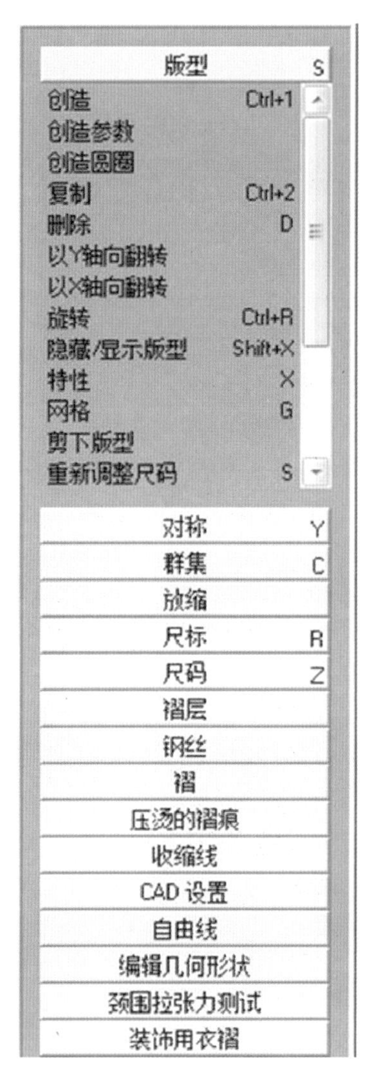

图 1－22　试穿功能中心

表 1－4　试穿功能中心功能说明

序号	名称	说明	序号	名称	说明
1	版型	创建样板	9	褶	设置衣服褶
2	对称	对样板做对称处理	10	压烫的褶痕	设置压烫的褶痕
3	群集	设置样板位置	11	收缩线	设置收缩效果
4	放缩	样板放码处理	12	CAD 设置	调整样板
5	尺标	用于测量尺寸	13	自由线	设置辅助线
6	尺码	服装规格管理	14	编辑几何形状	创建几何线条
7	褶层	设置服装褶层	15	颈围拉张力测试	调整颈围布料拉张力
8	钢丝	打开钢丝素材库	16	装饰用衣褶	设置服装褶皱效果

①版型工作中心如图 1－23 所示，具体功能如表 1－5 所示。

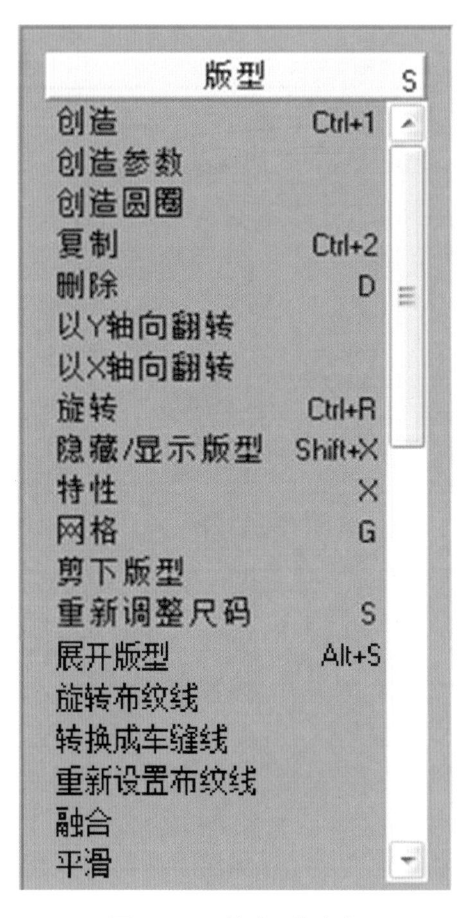

图 1－23 版型工作中心

表 1－5 版型工作中心功能说明

序号	名称	说明	序号	名称	说明
1	创造	创造样板	10	特性	设定样板的性质
2	创造参数	按设定参数创造样板	11	网格	设定样板的网格大小
3	创造圆圈	按设定半径创造圆形样板	12	剪下版型	剪开样板
4	复制	复制样板	13	重新调整尺码	重新设定样板的尺寸
5	删除	删除样板	14	展开版型	展开样板
6	以 Y 轴向翻转	以 Y 轴为对称轴翻转样板	15	旋转布纹线	旋转样板上的布纹线
7	以 X 轴向翻转	以 X 轴为对称轴翻转样板	16	转换成车缝线	转换样板边缘为车缝线
8	旋转	旋转样板	17	重新设置布纹线	重新设定样板的布纹线
9	隐藏/显示版型	隐藏/显示样板	18	融合	合并样板

②对称工作中心如图 1—24 所示，具体功能如表 1—6 所示。

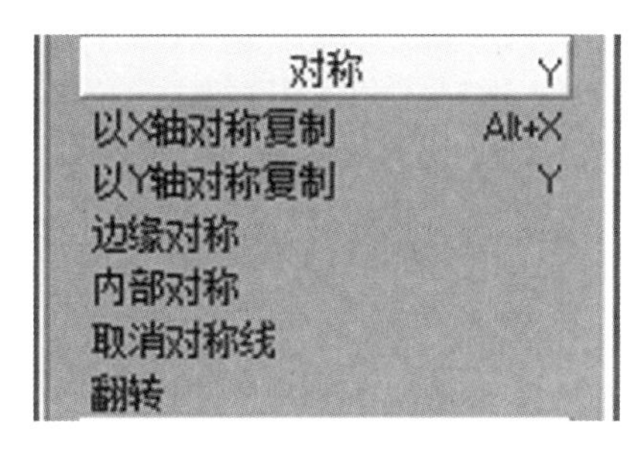

图 1—24　对称工作中心

表 1—6　对称工作中心功能说明

序号	名称	说明	序号	名称	说明
1	以 X 轴对称复制	以 X 轴为对称轴复制样板	4	内部对称	设置样板内部对称效果
2	以 Y 轴对称复制	以 Y 轴为对称轴复制样板	5	取消对称线	取消对称效果
3	边缘对称	以样板的一条边为对称轴镜像复制样板	6	翻转	翻转样板

③群集工作中心如图 1—25 所示，具体功能如表 1—7 所示。

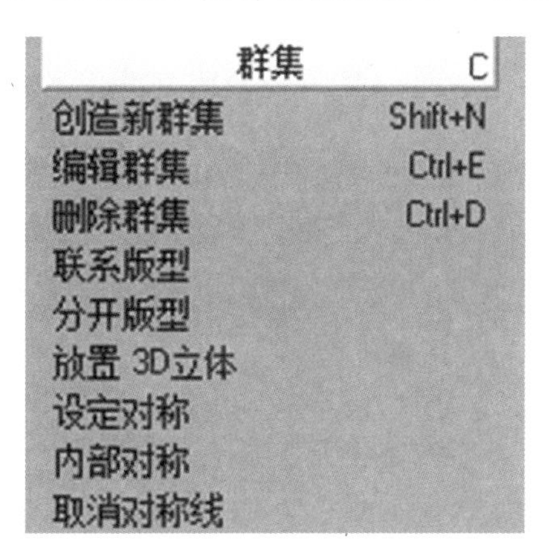

图 1—25　群集工作中心

表 1—7　群集工作中心功能说明

序号	名称	说明	序号	名称	说明
1	创造新群集	创造样板群集	6	放置 3D 立体	设定 3D 立体点
2	编辑群集	设定群集的位置	7	设定对称	设定两个群集的对称效果
3	删除群集	删除创造的群集	8	内部对称	设定单个群集内部的对称效果
4	联系版型	将样板放在已设定的群集中	9	取消对称线	取消对称效果
5	分开版型	将样板从群集中分离出来			

④放缩工作中心如图 1—26 所示，具体功能如表 1—8 所示。

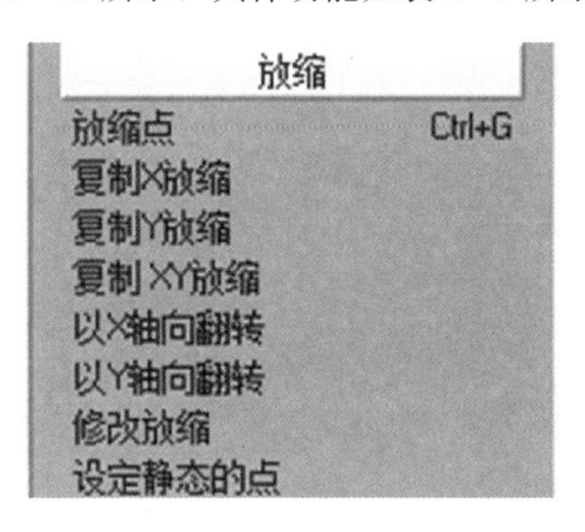

图 1—26 放缩工作中心

表 1—8 放缩工作中心功能说明

序号	名称	说明	序号	名称	说明
1	放缩点	样板上的控制点	5	以 X 轴向翻转	以 X 轴为对称轴翻转
2	复制 X 放缩	复制控制点 X 值到指定点	6	以 Y 轴向翻转	以 Y 轴为对称轴翻转
3	复制 Y 放缩	复制控制点 Y 值到指定点	7	修改放缩	修改放缩点
4	复制 XY 放缩	复制控制点 X、Y 值到指定点	8	设定静态的点	设定不动的放缩点

⑤尺标工作中心如图 1—27 所示，具体功能如表 1—9 所示。

尺标 R
边缘长度 R
测量距离 Shift+R

图 1—27 尺标工作中心

表 1—9 尺标工作中心功能说明

序号	名称	说明
1	边缘长度	测量样板的边缘长度
2	测量距离	测量直线距离

⑥尺码工作中心只有一个工具，如图 1—28 所示，具体功能如表 1—10 所示。

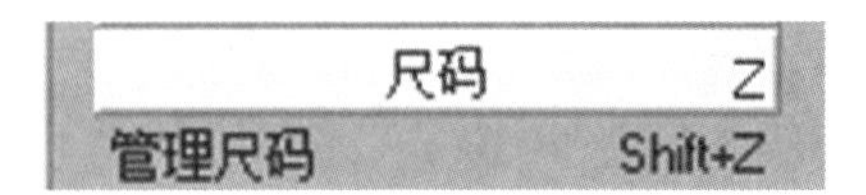

图 1—28 尺码工作中心

表 1-10　尺码工作中心功能说明

序号	名称	说明
1	管理尺码	调整尺码

⑦褶层工作中心如图 1-29 所示，具体功能如表 1-11 所示。

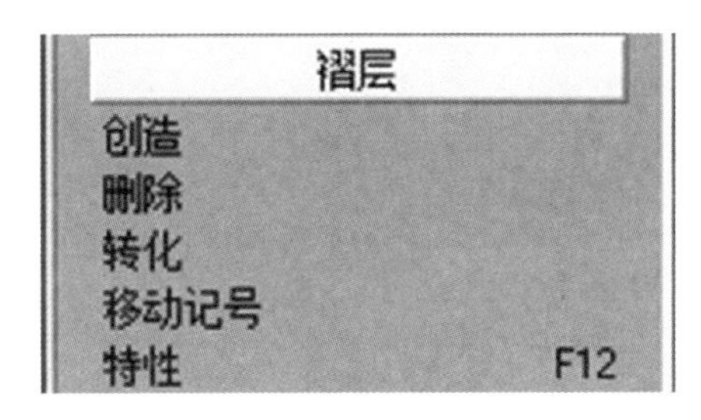

图 1-29　褶层工作中心

表 1-11　褶层工作中心功能说明

序号	名称	说明	序号	名称	说明
1	创造	创造褶层定位点	4	移动记号	移动褶层定位点
2	删除	删除褶皱效果	5	特性	设置褶层的性质
3	转化	设置褶皱方向			

⑧钢丝工作中心如图 1-30 所示，具体功能如表 1-12 所示。

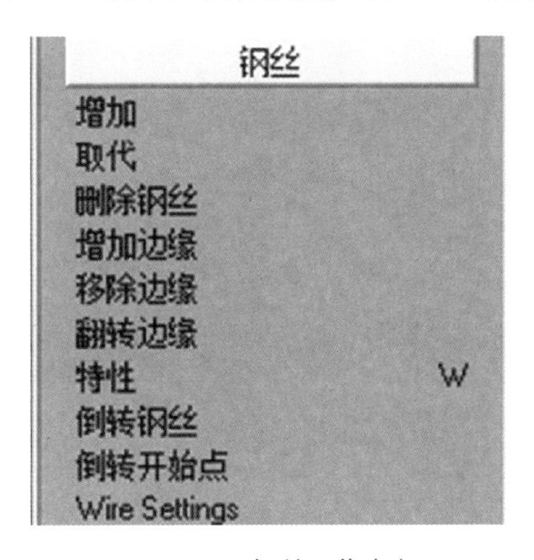

图 1-30　钢丝工作中心

表 1-12　钢丝工作中心功能说明

序号	名称	说明	序号	名称	说明
1	增加	在素材库中增加钢丝类型	3	删除钢丝	删除已选择的钢丝
2	取代	用新的钢丝替代另一种钢丝	4	增加边缘	把钢丝缝合在样板边缘

续表

序号	名称	说明	序号	名称	说明
5	移除边缘	删除钢丝的缝合线	7	倒转钢丝	翻转钢丝的方向
6	特性	设置钢丝的性质	8	倒转开始点	选择钢丝另一端为开始点

⑨褶工作中心如图 1－31 所示，具体功能如表 1－13 所示。

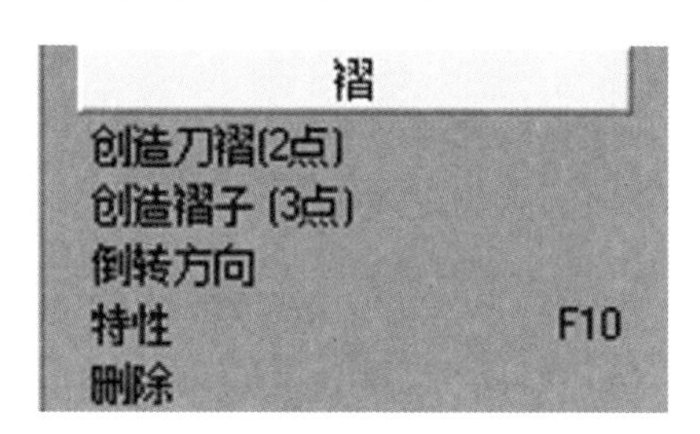

图 1－31　褶工作中心

表 1－13　褶工作中心功能说明

序号	名称	说明	序号	名称	说明
1	创造刀褶（2 点）	创造刀字褶效果	4	特性	设定褶的角度
2	创造褶子（3 点）	创造 Z 字褶效果	5	删除	删除褶皱效果
3	倒转方向	转换褶的方向			

⑩压烫的褶痕工作中心如图 1－32 所示，具体功能如表 1－14 所示。

图 1－32　压烫的褶痕工作中心

表 1－14　压烫的褶痕工作中心功能说明

序号	名称	功能
1	创造	创造褶并设定褶的长度
2	删除	删除褶皱效果
3	角度	设定褶的角度

⑪收缩线工作中心如图 1－33 所示，具体功能如表 1－15 所示。

图 1—33　收缩线工作中心

表 1—15　收缩线工作中心功能说明

序号	名称	说明
1	创造	创造收缩线并设定其长度
2	删除	删除收缩效果
3	收缩	设定收缩的比例

⑫CAD 设置工作中心如图 1—34 所示，具体功能如表 1—16 所示。

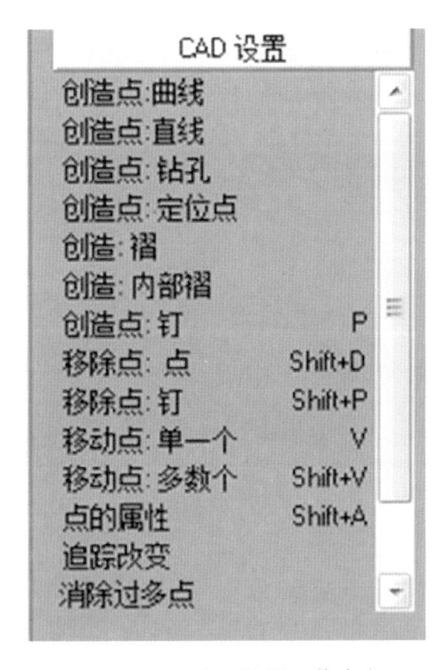

图 1—34　CAD 设置工作中心

表 1—16　CAD 设置工作中心功能说明

序号	名称	说明	序号	名称	说明
1	创造点：曲线	创造曲线点	6	创造：内部褶	创造样板内部褶皱点
2	创造点：直线	创造直线点	7	创造点：钉	创造钉点
3	创造点：钻孔	创造钻孔点	8	移除点：点	删除点
4	创造点：定位点	创造定位点	9	移除点：钉	删除钉点
5	创造：褶	创造褶皱点	10	移动点：单一个	移动一个点

续表

序号	名称	说明	序号	名称	说明
11	移动点：多数个	同时移动多个点	13	追踪改变	对比变化前后的效果
12	点的属性	设定点的性质（拐点/平滑点）	14	消除过多点	同时删除多个点

⑬自由线工作中心如图 1—35 所示，具体功能如表 1—17 所示。

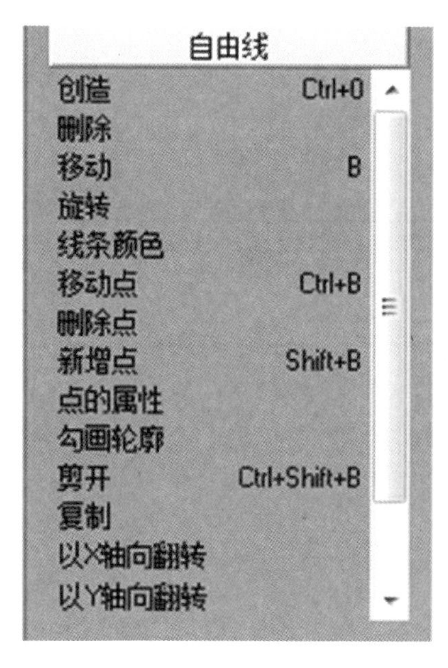

图 1—35　自由线工作中心

表 1—17　自由线工作中心主要功能说明

序号	名称	说明	序号	名称	说明
1	创造	创造自由线	6	移动点	移动点的位置
2	删除	删除自由线	7	删除点	删除点
3	移动	移动自由线	8	新增点	增加新的点
4	旋转	旋转自由线	9	点的属性	设定点的性质
5	线条颜色	设定线条的颜色	10	勾画轮廓	按自由线的轮廓创造样板

⑭编辑几何形状工作中心如图 1—36 所示，具体功能如表 1—18 所示。

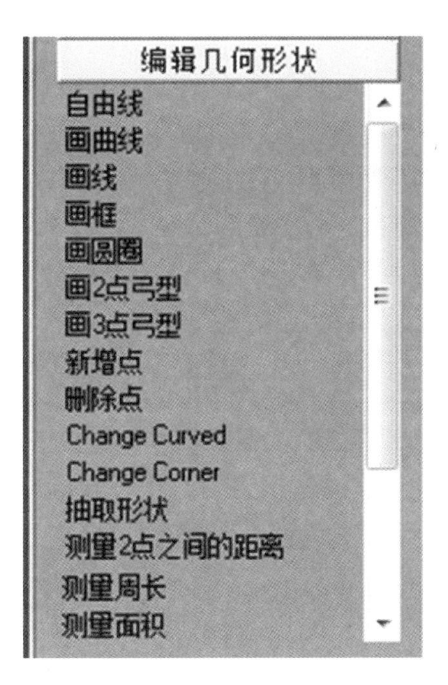

图 1—36　编辑几何形状工作中心

表 1—18　编辑几何形状工作中心主要功能说明

序号	名称	说明	序号	名称	说明
1	自由线	自由画线	6	画 2 点弓形	过两点画弧线
2	画曲线	画曲线	7	画 3 点弓形	过三点画弧线
3	画线	画直线	8	新增点	增加新的点
4	画框	画矩形	9	删除点	删除点
5	画圆圈	画圆形			

⑮颈围拉张力测试工作中心只有一个工具，如图 1—37 所示，具体功能如表 1—19 所示。

颈围拉张力测试
颈围拉张力测试

图 1—37　颈围拉张力测试工作中心

表 1—19　颈围拉张力测试工作中心功能说明

序号	名称	说明
1	颈围拉张力测试	测试颈围拉张力

⑯装饰用衣褶工作中心如图 1—38 所示，具体功能如表 1—20 所示。

图 1—38　装饰用衣褶工作中心

表 1—20　装饰用衣褶工作中心功能说明

序号	名称	说明
1	创造	创造褶线
2	删除	删除褶线
3	特性	设置褶线的效果

2. 缝合功能中心

缝合功能中心拥有角、边缘等工作中心，如图 1—39 所示，具体功能如表 1—21 所示。

图 1—39　缝合功能中心

表 1—21　缝合功能中心功能说明

序号	名称	说明	序号	名称	说明
1	角	处理样板的角点	4	车缝	处理三维服装的缝合
2	边缘	处理样板的边缘	5	接缝织物	处理三维服装的针线效果
3	特别边缘	处理特别的边缘效果			

3. 布料功能中心

布料功能中心拥有色版、布料两个工作中心，如图 1—40 所示，具体功能如表 1—22 所示。

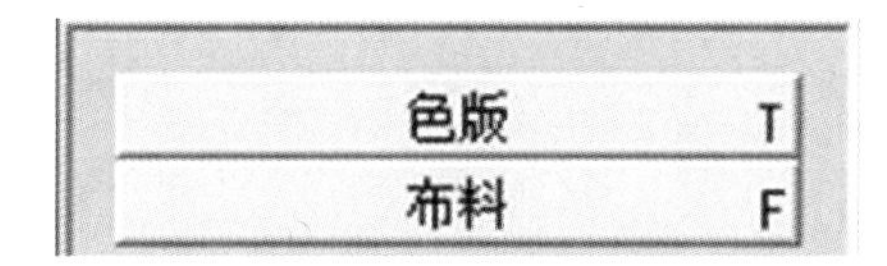

图 1—40　布料功能中心

表 1—22　布料功能中心功能说明

序号	名称	功能
1	色版	设定不同面料的颜色
2	布料	处理面料的三维效果

①色版工作中心如图 1—41 所示，具体功能如表 1—23 所示。

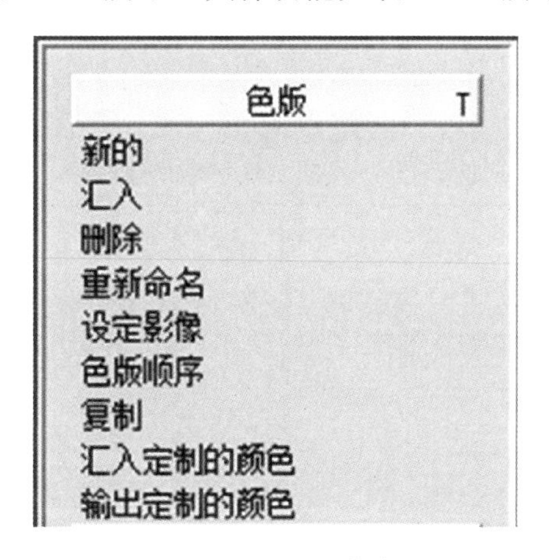

图 1—41　色版工作中心

表 1—23　色版工作中心功能说明

序号	名称	说明	序号	名称	说明
1	新的	增加色版	6	色版顺序	排列色版的顺序
2	汇入	汇入其他档案用的色版	7	复制	复制色版
3	删除	删除设定的色版	8	汇入定制的颜色	汇入颜色特点，定义色版
4	重新命名	重新设定色版的名称	9	输出定制的颜色	输出色版的颜色
5	设定影像	设定色版的影像			

②布料工作中心如图 1—42 所示，具体功能如表 1—24 所示。

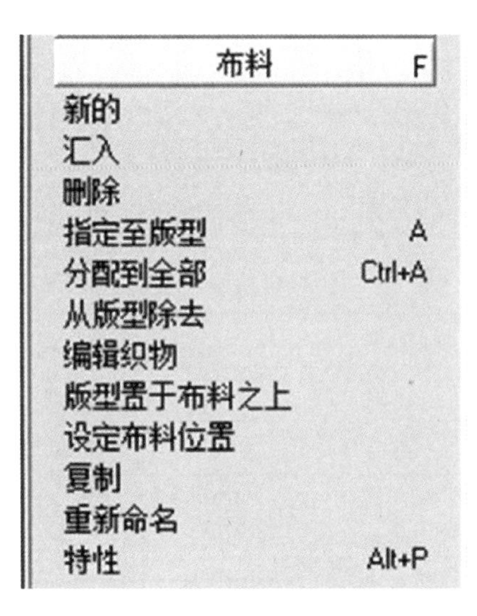

图 1—42 布料工作中心

表 1—24 布料工作中心功能说明

序号	名称	说明	序号	名称	说明
1	新的	增加新布料	7	编辑织物	直接修改布料的影像效果
2	汇入	汇入其他档案用的布料	8	版型置于布料之上	把指定的样板放在布料上
3	删除	删除已增加的布料	9	设定布料位置	设定布料的位置
4	指定至版型	把选定的布料放在指定的样板上	10	复制	复制已增加的布料
5	分配到全部	把选定的布料放在所有样板上	11	重新命名	重新设定布料的名称
6	从版型除去	删除已指定到样板的布料	12	特性	查看已选定布料的材质特性和数值

4. 附件功能中心

附件功能中心仅有一个工作中心，如图 1—43 所示，具体功能如表 1—25 所示。

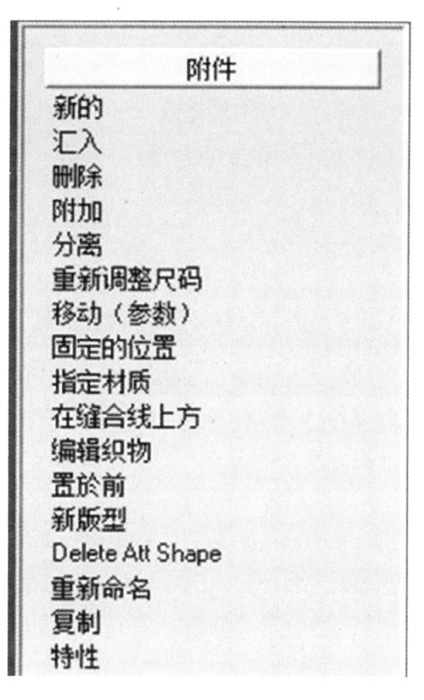

图 1－43　附件功能中心

表 1－25　附件功能中心功能说明

序号	名称	说明	序号	名称	说明
1	新的	增加附件	9	指定材质	指定附件的材质
2	汇入	汇入其他档案用的附件	10	在缝合线上方	将附件放在车缝线上方
3	删除	删除设定的附件	11	编辑织物	编辑织物的效果
4	附加	将附件设定在样板之上	12	置于前	为两个附件设定前后顺序
5	分离	将附件从样板上分开	13	新版型	将选择的附件创造成样板
6	重新调整尺码	重新设定附件的大小	14	重新命名	重新设定附件的名称
7	移动（参数）	通过设定参数移动附件的位置	15	复制	复制已选择的附件
8	固定的位置	将附件固定在样板上	16	特性	查看附件的性质

5. 材质功能中心

材质功能中心拥有影像、版面配置等工作中心，如图 1－44 所示，具体功能如表 1－26所示。

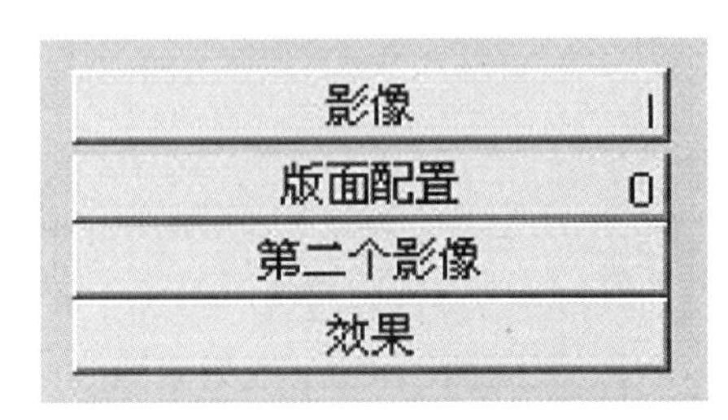

图 1—44　材质功能中心

表 1—26　材质功能中心功能说明

序号	名称	说明	序号	名称	说明
1	影像	处理影像资料的大小等	3	第二个影像	处理第二个影像效果
2	版面配置	处理影像资料的取代、旋转等	4	效果	设定影像资料的颜色等效果

①影像工作中心如图 1—45 所示，具体功能如表 1—27 所示。

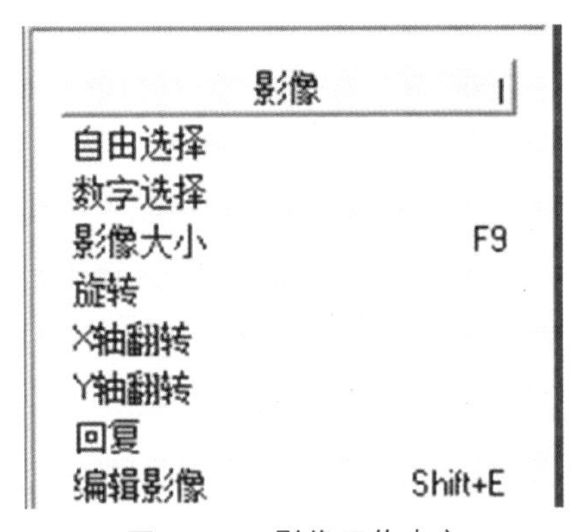

图 1—45　影像工作中心

表 1—27　影像工作中心功能说明

序号	名称	说明	序号	名称	说明
1	自由选择	自由设定影像大小	5	X 轴翻转	以 X 轴为对称轴翻转影像
2	数字选择	通过选择数字设定大小	6	Y 轴翻转	以 Y 轴为对称轴翻转影像
3	影像大小	设定影像大小	7	回复	回复影像
4	旋转	设定影像角度	8	编辑影像	编辑影像

②版面配置工作中心如图 1—46 所示，具体功能如表 1—28 所示。

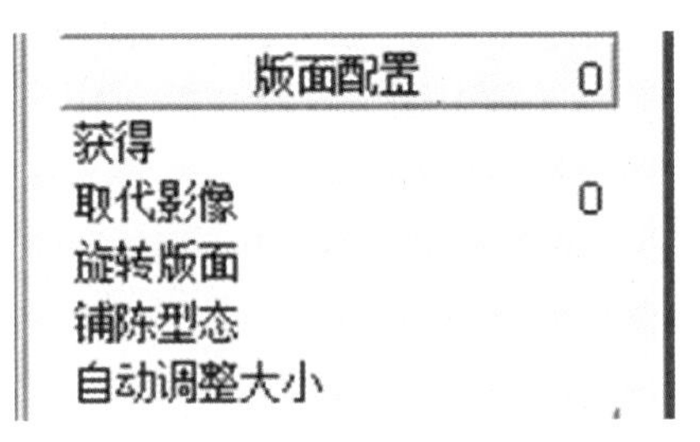

图 1—46　版面配置工作中心

表 1－28　版面配置工作中心功能说明

序号	名称	说明	序号	名称	说明
1	获得	从视频中获得影像	4	铺陈形态	设定平铺影像效果
2	取代影像	代替当前影像	5	自动调整大小	将单个影像调整到样板大小
3	旋转角度	旋转影像至一定角度			

③第二个影像工作中心如图 1－47 所示，具体功能如表 1－29 所示。

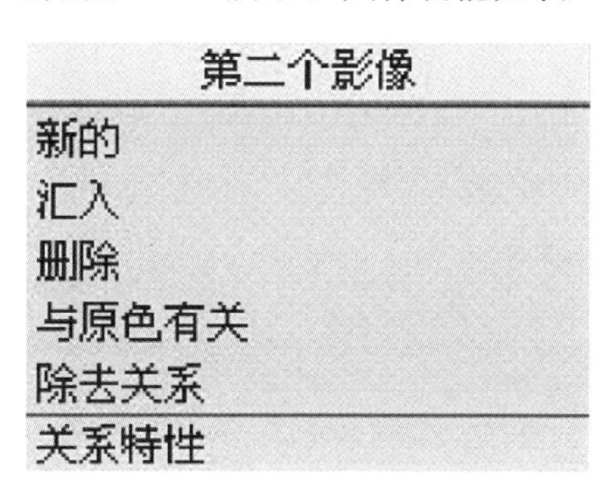

图 1－47　第二个影像工作中心

表 1－29　第二个影像工作中心功能说明

序号	名称	说明	序号	名称	说明
1	新的	增加第二个影像	4	与原色有关	选择与原色相融效果
2	汇入	汇入其他档案用的影像	5	除去关系	删除与原色相融效果
3	删除	删除影像	6	关系特性	设定关系性质

④效果工作中心如图 1－48 所示，具体功能如表 1－30 所示。

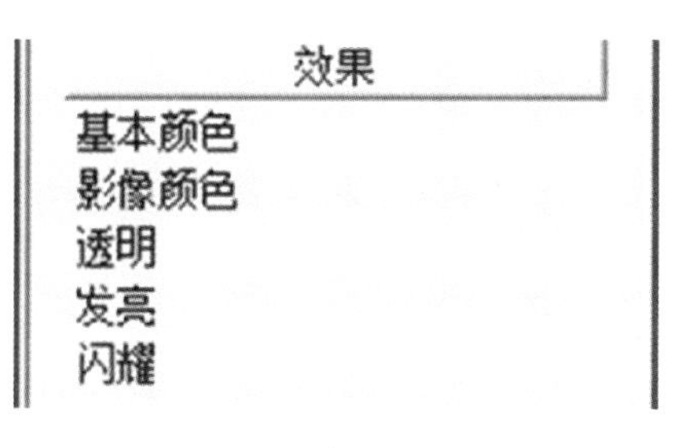

图 1－48　效果工作中心

表 1－30　效果工作中心功能说明

序号	名称	说明	序号	名称	说明
1	基本颜色	基本色卡	4	发亮	设置发亮效果
2	影像颜色	显示影像颜色	5	闪耀	设置闪耀效果
3	透明	设置透明效果			

6. 3D 工具列功能中心

3D 工具列功能中心包括编辑 3D 线、在 2D 编辑线两个工作中心，如图 1—49 所示，具体功能如表 1 31 所示。

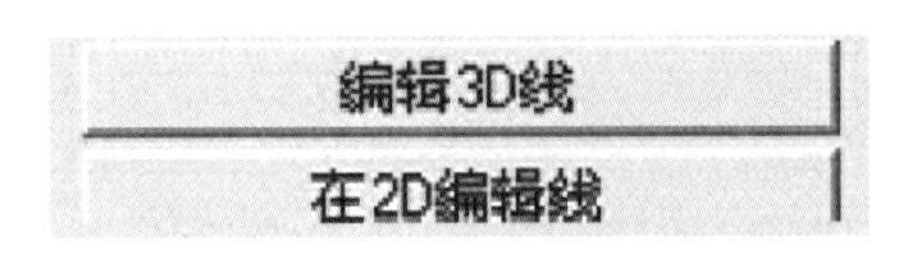

图 1—49　3D 工具列功能中心

表 1—31　3D 工具列功能中心功能说明

序号	名称	功能
1	编辑 3D 线	在三维模拟服装上画线
2	在 2D 编辑线	在二维服装样板上画线

①编辑 3D 线工作中心如图 1—50 所示，具体功能如表 1—32 所示。

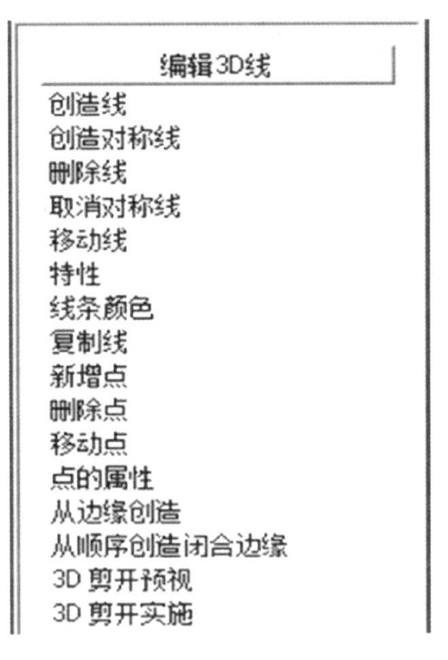

图 1—50　编辑 3D 线工作中心

表 1—32　3D 工具列工作中心功能说明

序号	名称	说明	序号	名称	说明
1	创造线	创造 3D 指导线	5	移动线	移动 3D 线
2	创造对称线	创造对称的 3D 指导线	6	特性	查看 3D 线的性质
3	删除线	删除 3D 线	7	线条颜色	改变线条的颜色
4	取消对称线	取消设定的对称线	8	复制线	复制 3D 线

续表

序号	名称	说明	序号	名称	说明
9	新增点	在 3D 线上增加点	13	从边缘创造	从三维模拟服装边缘创造线
10	删除点	删除 3D 线上的点	14	从顺序创造闭合边缘	依照顺序创造闭合边缘
11	移动点	移动 3D 线上的点	15	3D 剪开预览	预览剪开效果
12	点的属性	更改点的性质	16	30 剪开实施	执行剪开操作

②在 2D 编辑线工作中心如图 1−51 所示，具体功能如表 1−33 所示。

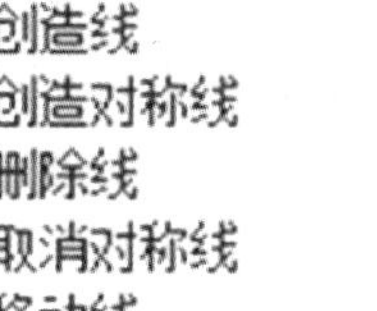

图 1−51　在 2D 编辑线工作中心

表 1−33　在 2D 编辑线工作中功能说明

序号	名称	说明	序号	名称	说明
1	创造线	创造 2D 指导线	7	线条颜色	改变线条的颜色
2	创造对称线	创造对称 2D 指导线	8	复制线	复制 2D 线
3	删除线	删除 2D 线	9	新增点	在 2D 线上增加点
4	取消对称线	取消设定的对称线	10	删除点	删除 2D 线上的点
5	移动线	移动 2D 线	11	移动点	移动 2D 线上的点
6	旋转线	旋转 2D 线	12	点的属性	更改点的性质

四、二维服装 CAD 样板工作区

二维服装 CAD 样板工作区一般位于软件工作界面的中央部分，如图 1−52 所示。结合六大功能中心及其他功能键可完成二维服装 CAD 样板的设计。服装 VSD 软件能够调用不同服装 CAD 软件制作出来的 DXF 格式的样板，进行自由改样，并同步反映到三维仿真试衣工作区中的三维模拟服装上。

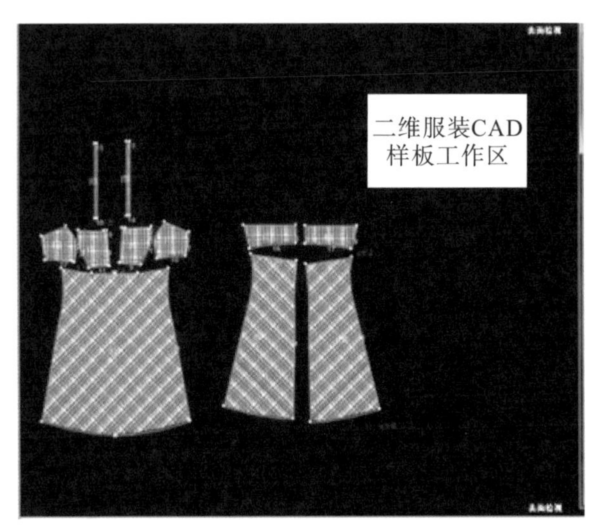

图 1—52　二维服装 CAD 样板工作区

五、三维仿真试衣工作区

三维仿真试衣工作区一般位于二维服装 CAD 样板工作区右侧，如图 1—53 所示。该工作区是服装 VSD 软件的特色功能区，能够通过生成三维模拟服装展示成衣效果。对不合理或未达到设计效果的地方，设计者可以即时利用三维与二维同步联动修改功能进行调整，同时也可以对同一款式不同颜色服装进行组合设计。

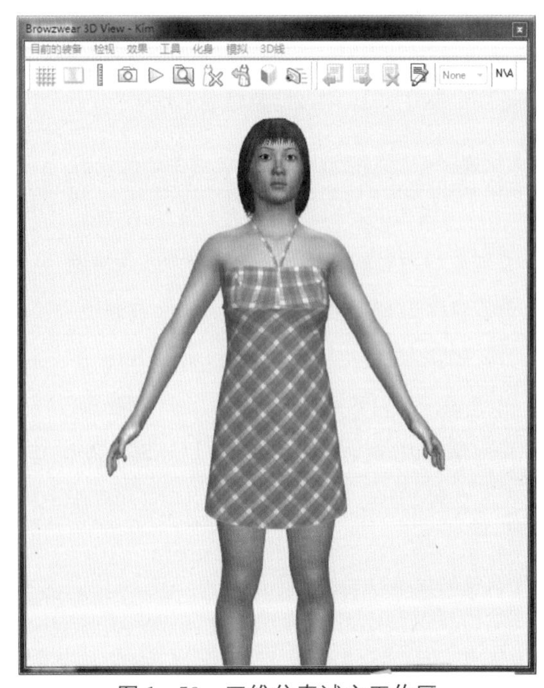

图 1—53　三维仿真试衣工作区

三维仿真试衣工作区拥有自己的菜单栏和快捷功能键栏，如图 1—54 所示，具体功能分别如表 1—34、表 1—35 所示。

图 1－54　三维仿真试衣工作区菜单栏和快捷功能键栏

表 1－34　三维仿真试衣工作区菜单栏简介

序号	名称	说明	序号	名称	说明
1	目前的装备	当前三维人体模型上穿着的衣服	4	工具	对应快捷功能键
2	检视	设定工具的显示	5	化身	三维人体素材库
3	效果	在三维仿真试衣场景中的灯光效果	6	模拟	三维效果调整设定

表 1－35　三维仿真试衣工作区快捷功能键栏简介

图标	名称	说明	图标	名称	说明
	拉力	用色卡查看布料的拉升程度		刷新	执行刷新操作
	压力	用色卡查看布料对身体的压力		输出 BWO 档案	生成 BWO 档案
	测试	在三维人体模型身上测量尺寸		试衣空间	设置三维试衣空间场景
	输出 JPG 档案	生成 JPG 档案		模特定位	设定三维人体模特的位置
	试衣	执行三维仿真试衣		保存文档	保存文档
	汇入影像	汇入素材库中的影像资料			

第三节　服装 VSD 软件素材库

服装 VSD 软件的素材库包括三维人体素材库、三维面料素材库、配件影像数据库、线型影像数据库。

一、三维人体素材库

三维人体素材库中有多种基本三维人体模型，并按年龄、性别等进行了分类，如图 1−55 所示。设计者可根据需要选择合适的基本人体模型并自主调整。

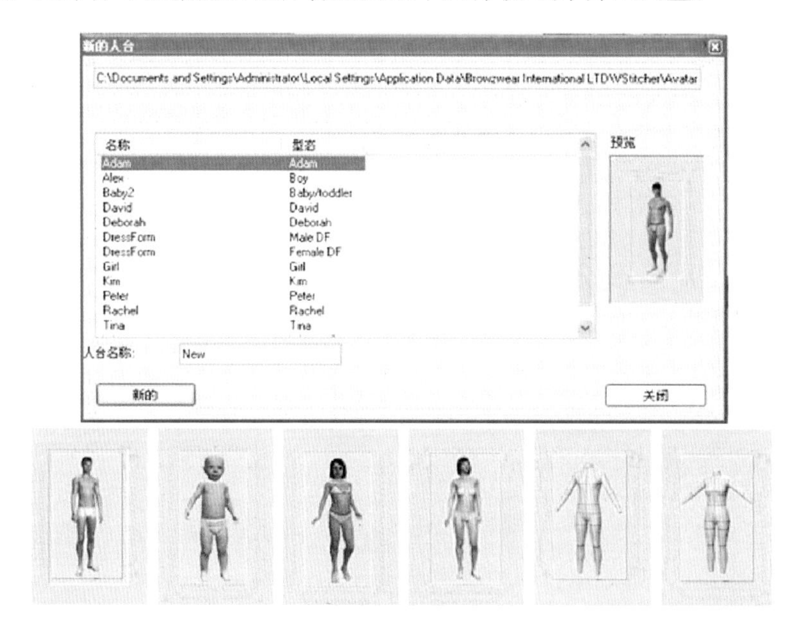

图 1−55　三维人体素材库

三维人体素材库

二、三维面料素材库

三维面料素材库由布料物理性质数据库和布料影像数据库构成，分别如图 1−56 和图 1−57 所示。

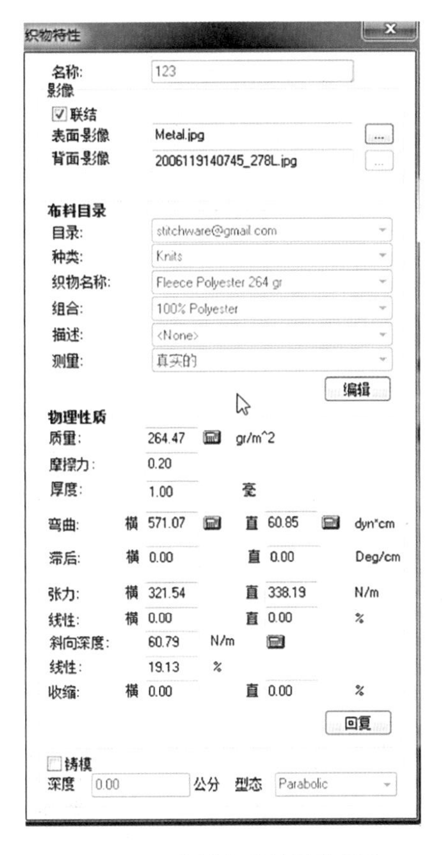

图 1—56　布料物理性质数据库

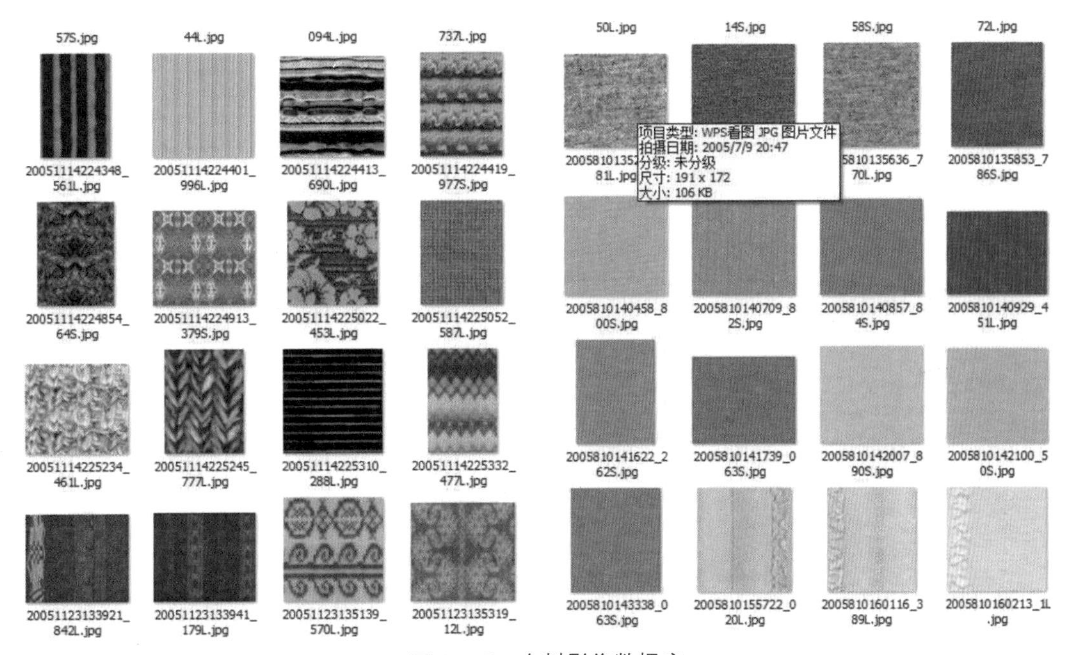

图 1—57　布料影像数据库

三维面料素材库

三、配件影像数据库

配件影像数据库包含如 logo（微标）、纽扣等在内的 1500 多种服装辅料影像，设计者还可根据需要自行增加，如图 1－58 和图 1－59 所示。

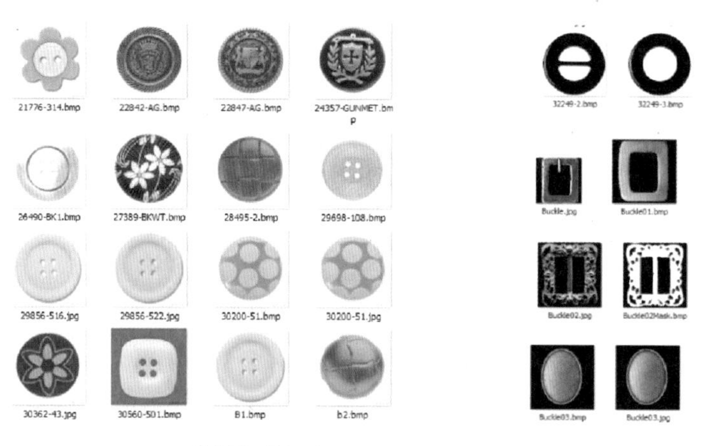

图 1－58　配件影像数据库 1　　图 1－59　配件影像数据库 2

四、线型影像数据库

线型影像数据库包含众多采用不同缝制工具缝制产生的针迹效果，如图 1－60～图 1－62 所示。

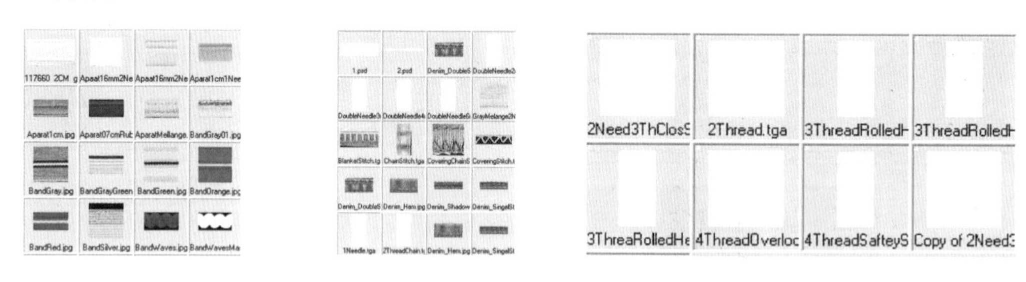

图 1－60　线型影像数据库 1　图 1－61　线型影像数据库 2　图 1－62　线型影像数据库 3

第四节　服装 VSD 软件常用操作

服装 VSD 软件的常用操作包含编辑服装分类信息、三维仿真试衣空间操作设定、调整 3D 立体点等，具体操作方法如下。

一、编辑服装分类信息

在“快捷功能图标栏”中点击“分类”，在弹出的对话框中即可编辑服装分类信息，如图 1—63 所示。

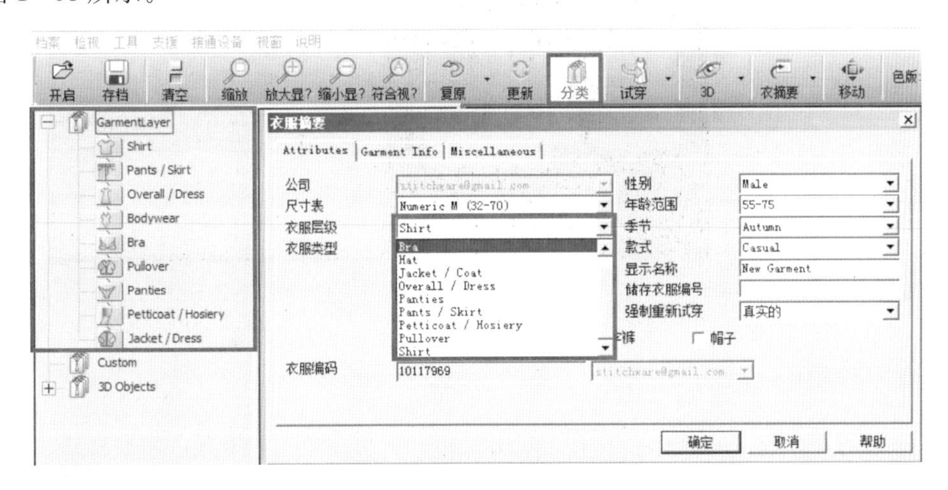

图 1—63　编辑服装分类信息

二、三维仿真试衣空间操作设定

三维仿真试衣空间操作设定如图 1—64 所示。

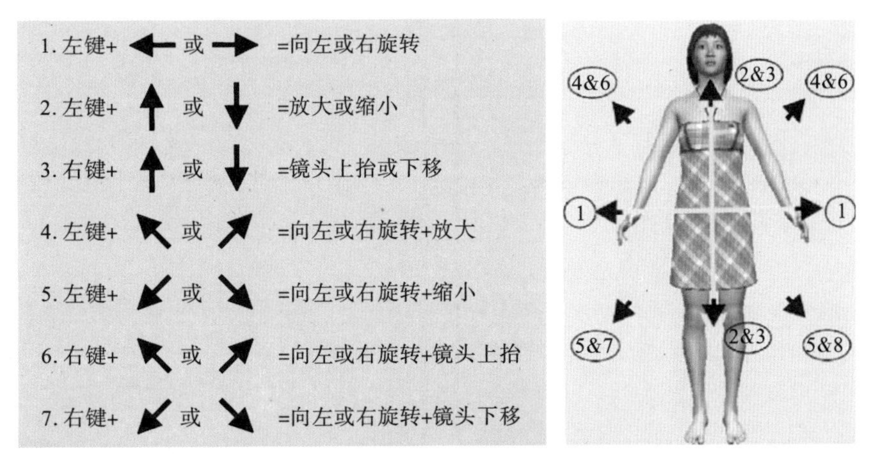

图 1—64　三维仿真试衣空间操作设定

三、通过衣橱打开档案

在"快捷功能图标栏"中点击"衣橱"；在弹出的列表中选择一种服装款式，如"Overall/Dress"(连体服/礼服)，继而选择需要的服装；选中需要的服装后，点击鼠标右键，选择"编辑"，打开档案，如图1－65所示。

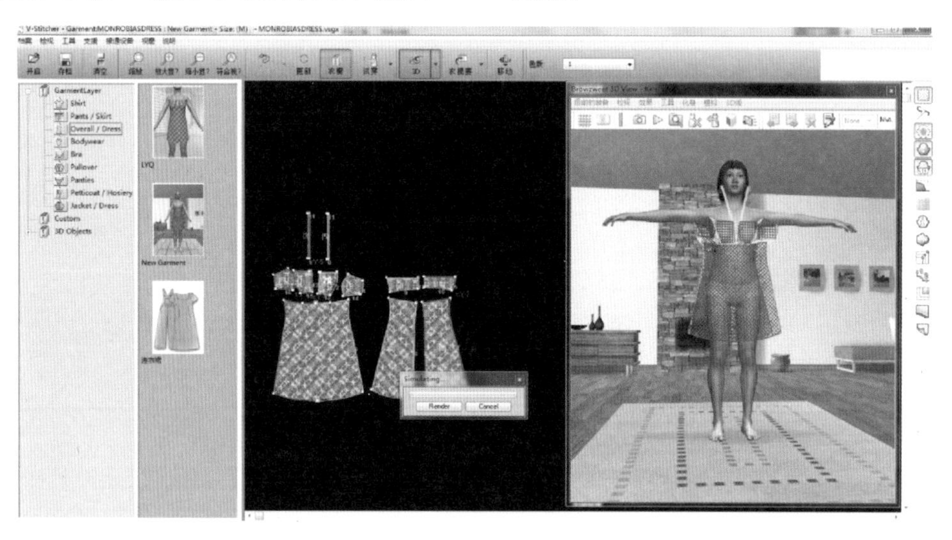

图1－65　从衣橱中开启档案

四、调整3D立体点

在三维仿真试衣工作区中，按住"Ctrl"键，将显示3D立体点；用鼠标点击3D立体点，将弹出"试穿方向"对话框，可在其中调整参数；勾选"隐藏人台"，三维人体模型被隐藏，可看到被压住的3D立体点，如图1－66所示。

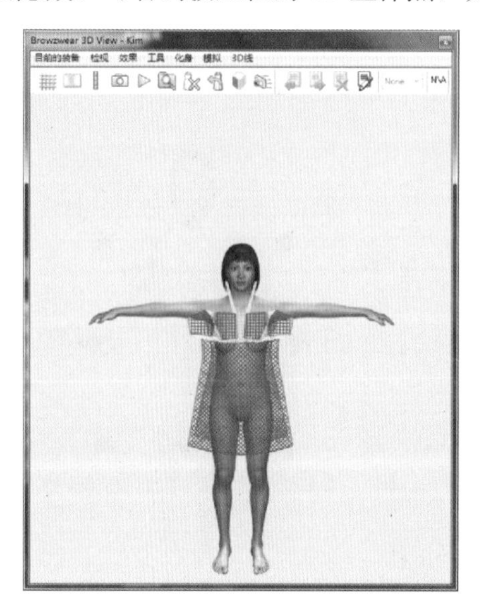

图1－66　在隐藏三维人体模型后找到被压住的3D立体点

五、生成 Flash 动画档案

（1）在三维仿真试衣工作区中依次点击“目前的装备”→“输出 3D”→“Flash 动画”，打开“创造 3D 动画模特儿”对话框，如图 1－67 所示。

（2）在对话框中选择“自行定制”，设定单圈所产生的镜头、焦距放缩程度等。

（3）点击“浏览”，设定保存路径。

（4）点击“完成”，生成 Flash 动画档案，如图 1－68 所示。

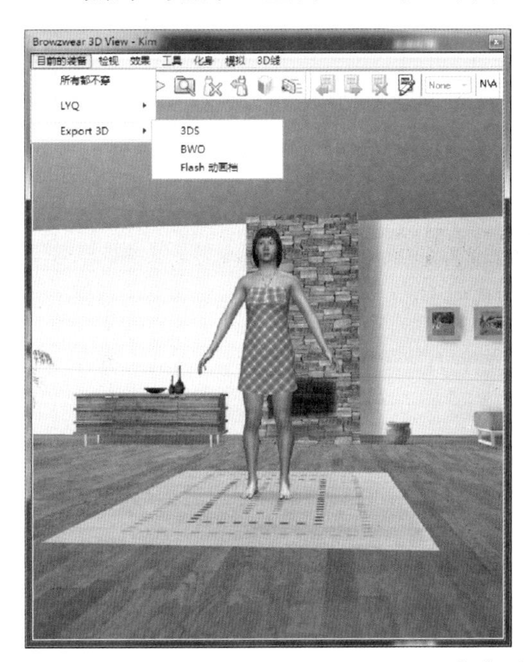

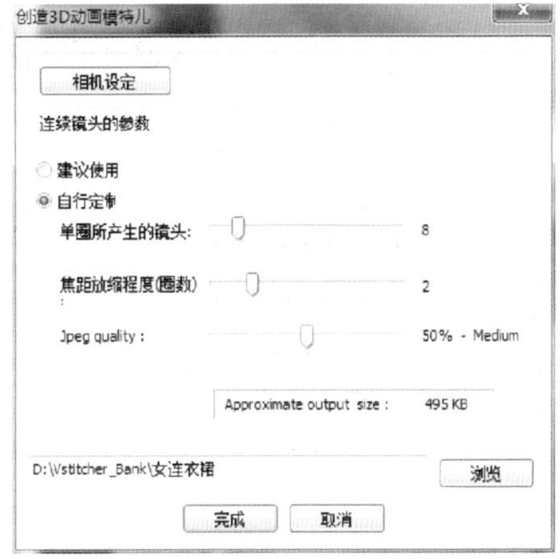

图 1－67　生成 Flash 动画档案

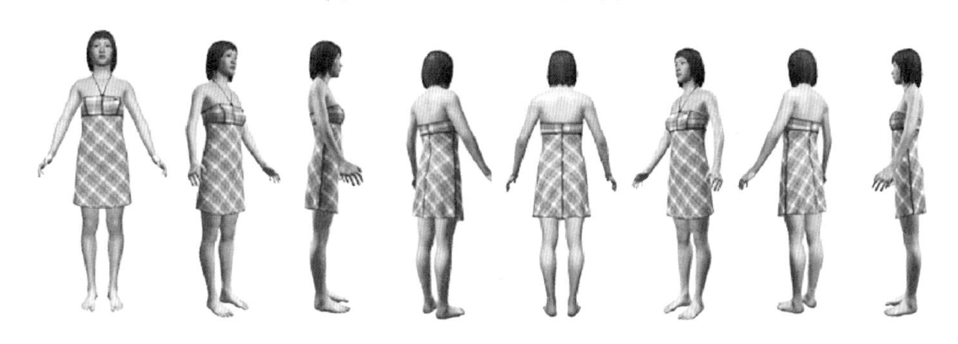

图 1－68　Flash 动画档案

六、将二维服装 CAD 样板列印到档案

（1）在“菜单栏”中依次点击“档案”→“列印”→“列印到档案”，打开“列印到档案”对话框，如图 1－69 所示。

（2）在对话框中设定相关参数，如图 1－70 所示。

（3）点击“浏览”，设定保存路径。

（4）点击“完成”，为二维服装CAD样板生成JPG图片，如图1−71所示。

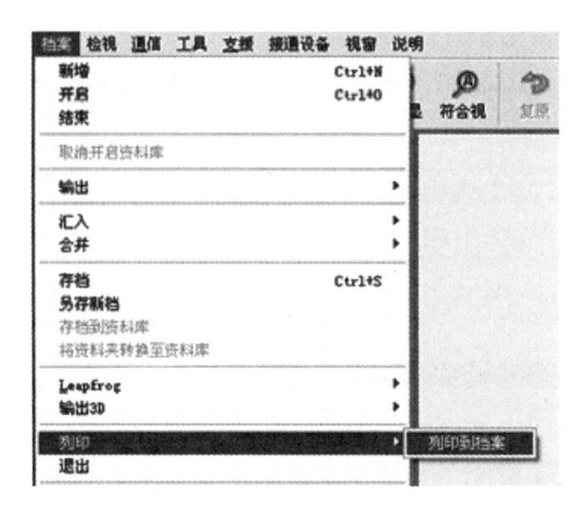

图1−69　打开“列印到档案”对话框

图1−70　设置参数

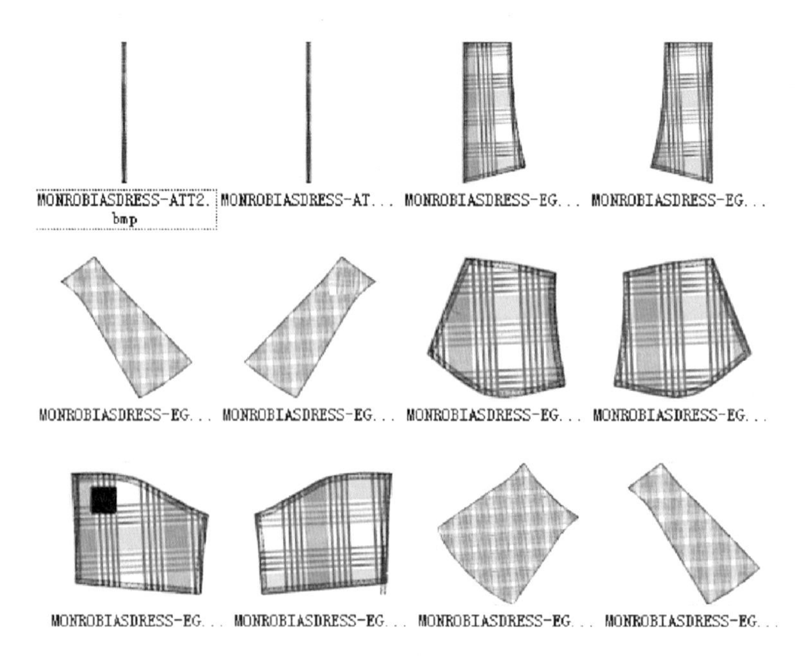

图1−71　由二维服装CAD样板生成的JPG图片

七、为二维服装 CAD 样板工作区添加网格

（1）在“菜单栏”中依次点击“检视”→“背景加格设定”，打开“网格”对话框，如图 1—72 所示。

（2）在“网格”对话框中完成网格参数设定，点击“更新”，如图 1—73 所示。

（3）二维服装 CAD 样板工作区生成加格效果，如图 1—74 所示。

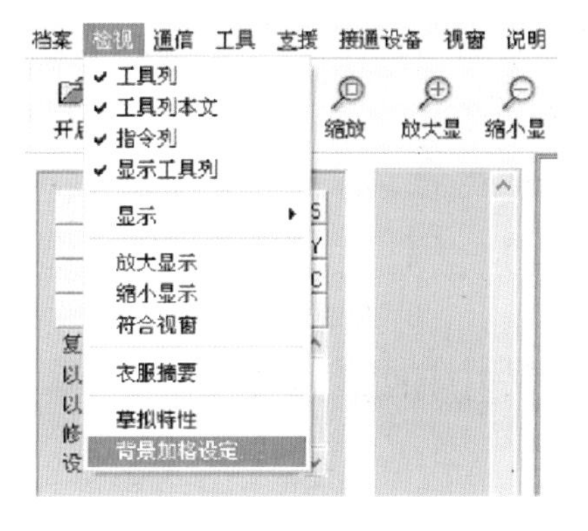

图 1—72　打开“网格”对话框

图 1—73　设置网格参数

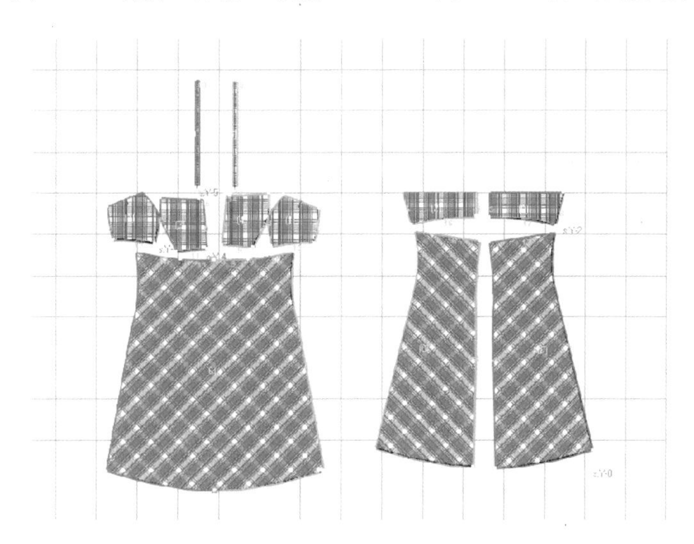

图 1—74　二维服装 CAD 样板工作区生成加格效果

八、软件系统常规模式设置

（1）在“菜单栏”中依次点击“工具”→“设定”，在弹出的“设定”对话框中勾选“2D 反锯齿”和“布料测试工具”，并对“系统单位”“语言”“背景颜色”“止口颜色”等进行设置，如图 1—75 所示。

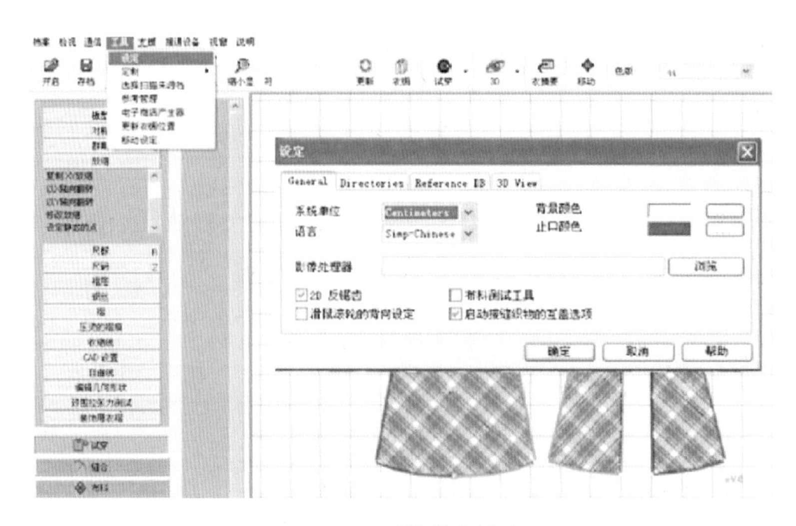

图 1－75　系统常规设定

（2）在“设定”对话框中点击“3D View”标签，在对应界面中勾选“显示内衣裤”“自动载入与衣服相关的人台”“在模拟中的表现网格”“穿着层次处理”“永远在上”“使用衣服的环境”并进行相关设置，如图 1－76 所示。

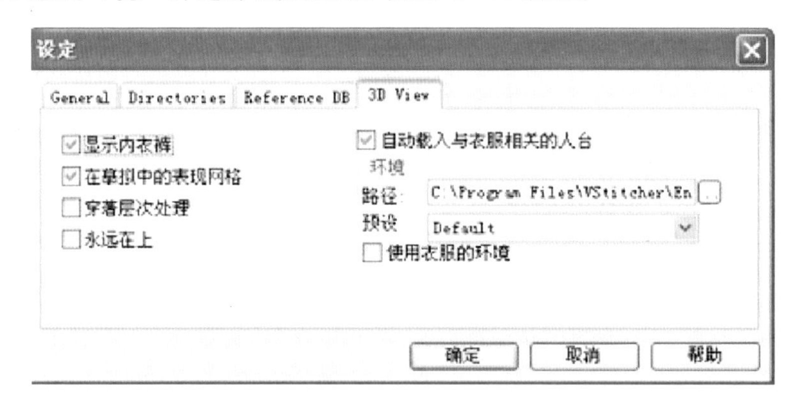

图 1－76　设置“3D View”的相关参数

九、生成可编辑 VSP 文档

（1）如图 1－77 所示，在“菜单栏”中依次点击“支援”→“打包”，打开“打包衣服”对话框。

（2）在对话框中勾选“参考管理”等后，点击“完成”，生成可编辑 VSP 文档，如图 1－78 所示。

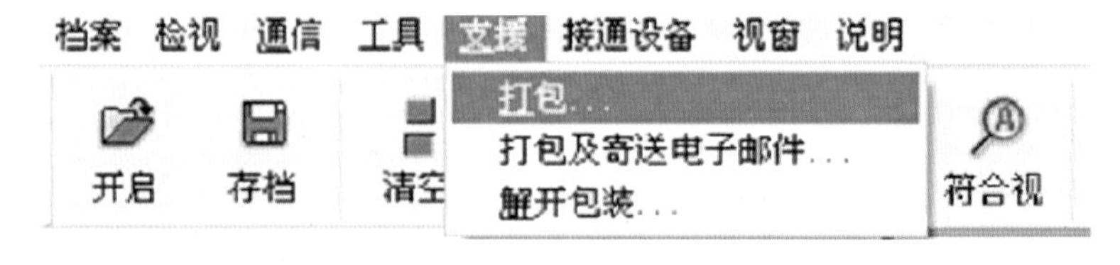

图 1－77　“支援”菜单

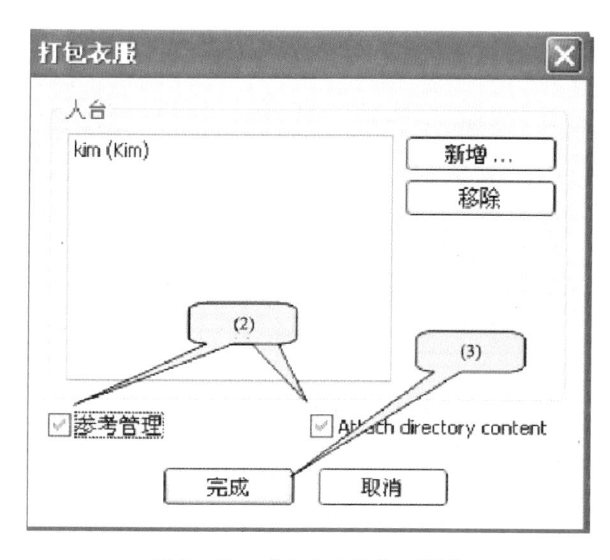

图 1－78　“打包衣服”对话框

十、查看加密锁 ID 及软件授权许可性质

(1) 如图 1－79 所示，在“菜单栏”中依次点击“说明”→“许可证资料”，打开“许可证资料”对话框。

(2) 在对话框中查看加密锁 ID（HASP ID）和软件授权使用性质（Product Type），如图 1－80 所示。

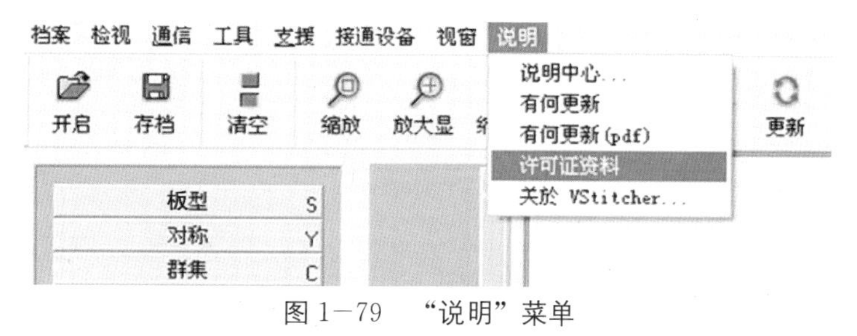

图 1－79　“说明”菜单

Plug Info

HASP ID:	518929051
Product:	VStitcher
Product Type:	Professional
Company Name:	Vstitcher
Database ID:	31
Counter:	65022
Service Expired Date:	October 09, 2035

OK　Refresh

图 1－80　查看加密锁 ID 和软件授权使用性质

十一、设定群集

在制作三维模拟服装的过程中，要把二维服装 CAD 样板以群集的方式设定在三维人体模型的不同部位。在“试穿功能中心”点击“群集”，在弹出的对话框中即可根据设计需要设定群集的相关参数，如图 1—81 所示。

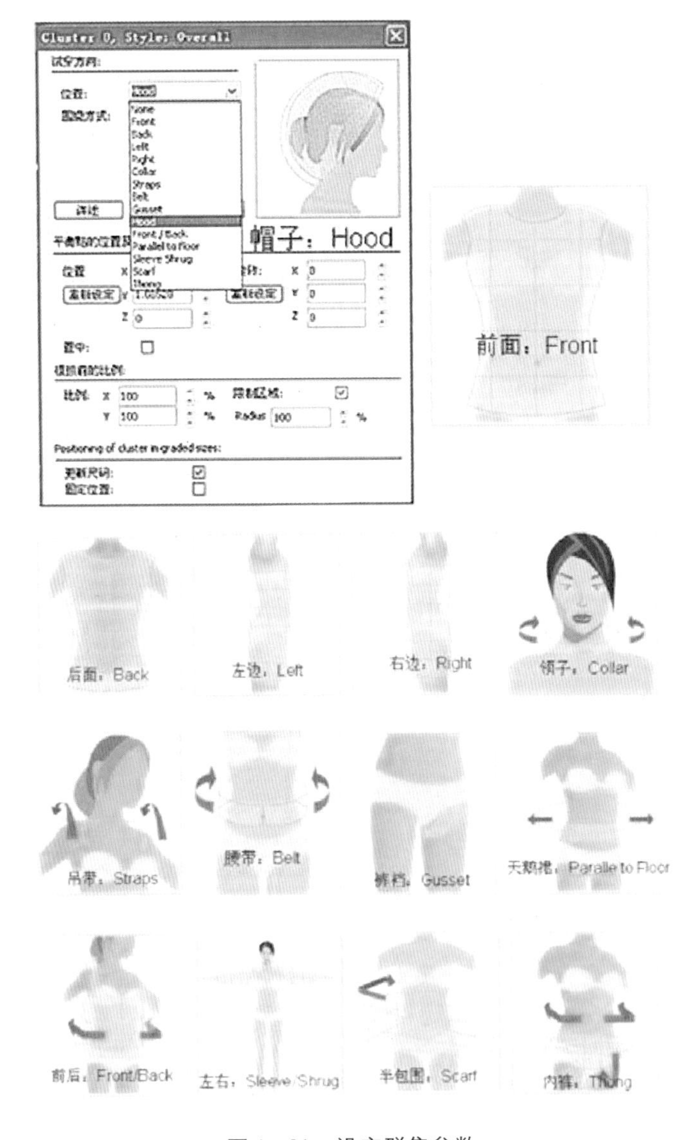

图 1—81　设定群集参数

十二、汇入档案中的布料

（1）在“布料功能中心”依次点击“布料”→“汇入织物”，在弹出的对话框中选择“我的衣服”，如图 1—82 所示。

（2）点击“下一个”，在弹出的对话框中设置衣服的色版，如图 1—83 所示。

（3）点击“下一个”，在弹出的对话框中设置布料影像，接着点击“完成”，将所选择的衣服布料汇入当前档案，如图1－84所示。

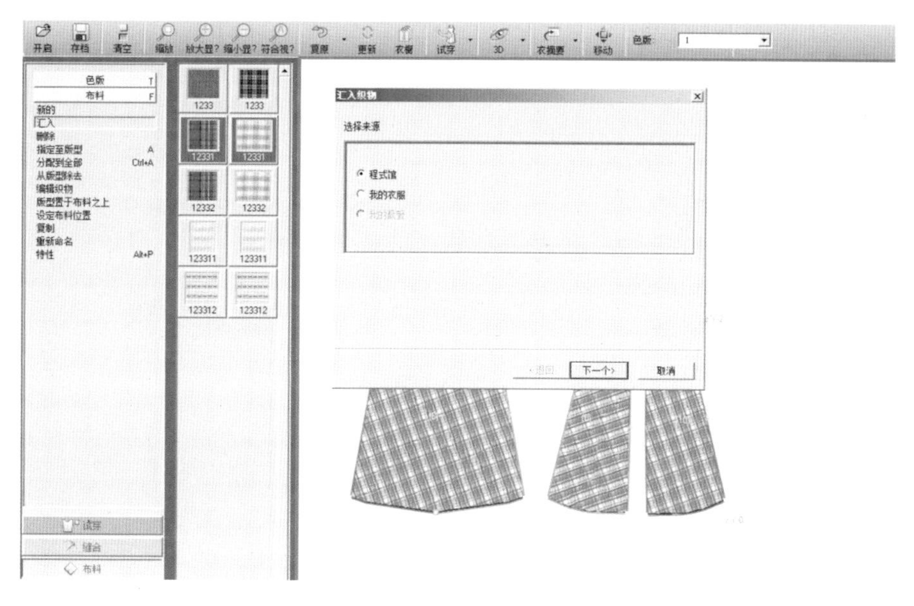

图1－82　在“汇入织物”对话框中选择“我的衣服”

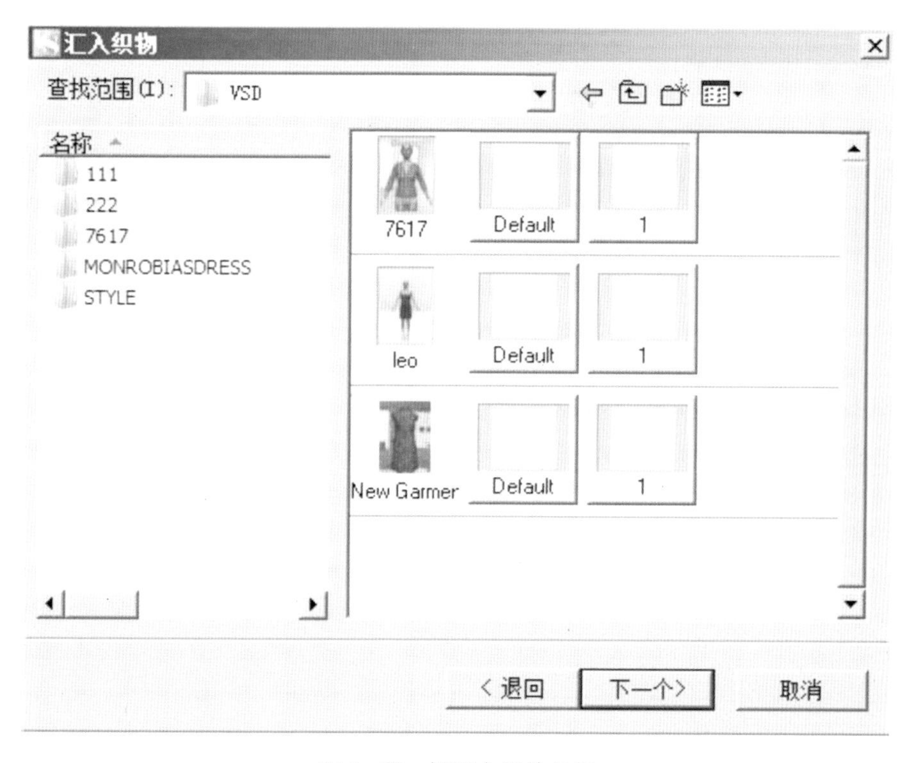

图1－83　设置衣服的色版

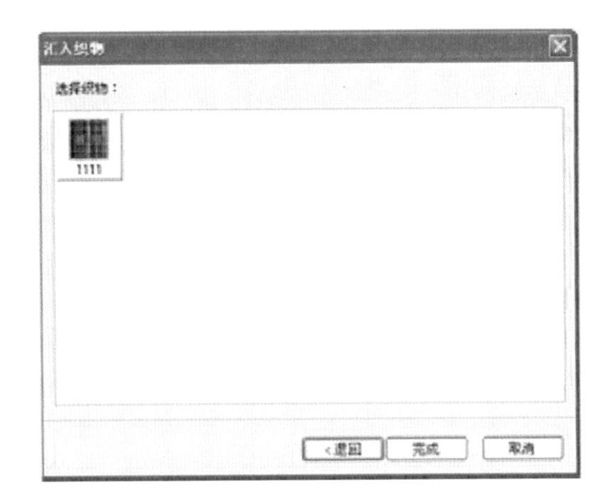

图 1－84　设置布料影像，完成汇入

思考与练习

1. 服装 VSD 软件有哪些优势？
2. 基于服装 VSD 软件的服装设计工作包括哪些流程？
3. 认识服装 VSD 软件的工作界面，熟悉其基本操作。

第二章　入门实践

第一节　连衣裙

国内外所有服装 CAD 软件制作出的样板均可以 DXF 格式文档导入服装 VSD 软件进行三维仿真试衣。本节主要讲解如何将服装 CAD 软件制作的连衣裙样板汇入三维设计软件，并进行仿真缝合试衣。

1. 汇入 DXF 样板文档

（1）在菜单栏依次点击“档案”→“汇入”→“DXF Exchange”，在弹出的对话框中找到要汇入的 DXF 样板文档，选定后点击“打开”（见图 2－1、图 2－2）。

图 2－1　“汇入”菜单

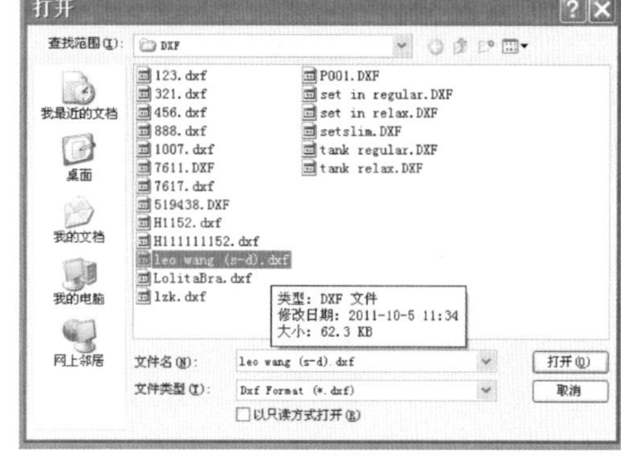

图 2－2　打开 DXF 样板文档

（2）在弹出的“Import Dxf”对话框中点击“OK”按钮即可汇入 DXF 样板文档，无须改变对话框中的任何设置（见图 2－3）。

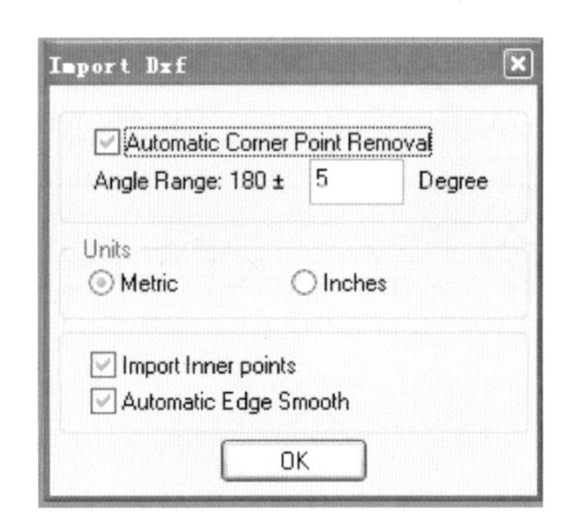

图 2－3　点击“OK”按钮，汇入 DXF 样板文档

（3）根据汇入的 DXF 样板文档的倍分比例选择倍分值，得到样板的实际尺寸（见图 2－4）。

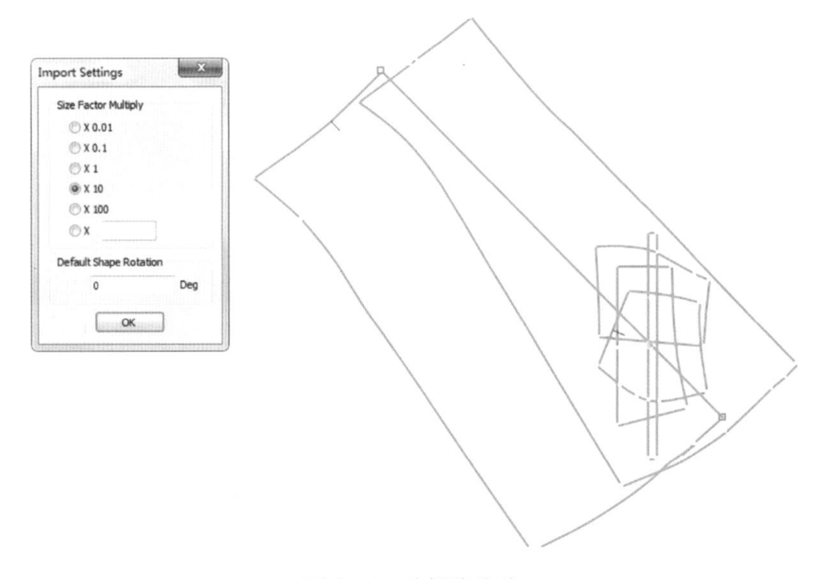

图 2－4　选择倍分值

（4）编辑服装分类信息。

选择倍分值后，软件会自动弹出“分类”对话框（见图 2－5）。根据服装的性质设置“衣服层级”“衣服类型”“显示名称”“储存衣服编号”等参数，并勾选“驳回尺码结构”，然后点击“确定”。

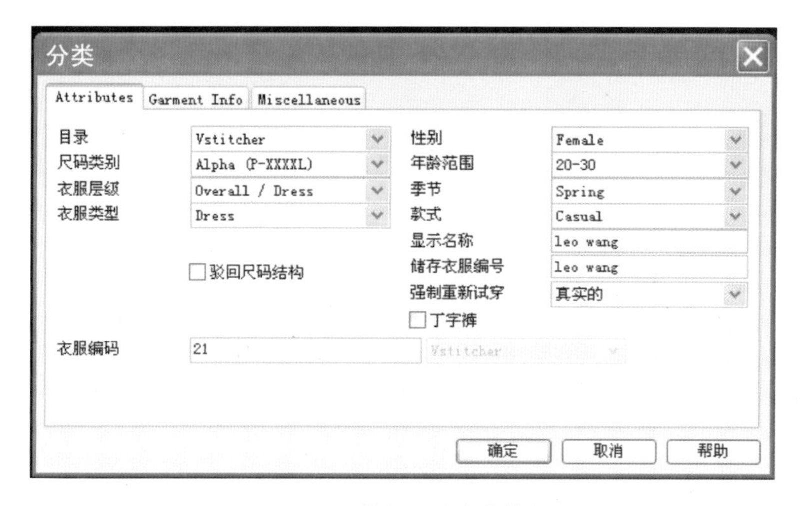

图 2－5　编辑服装分类信息

2. 处理汇入的样板

（1）在“试穿功能中心”中依次点击“版型”→“展开版型”，展开样板（见图 2－6）。

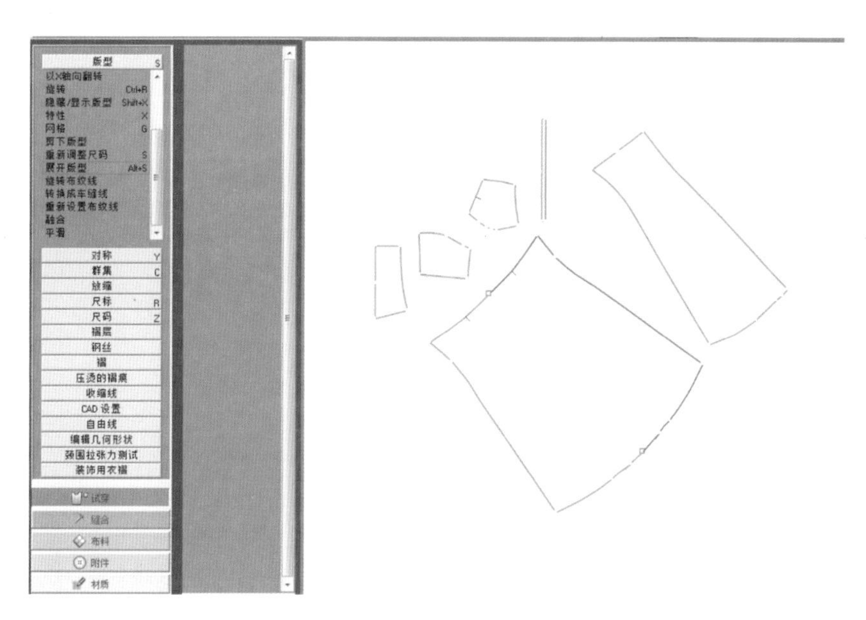

图 2－6　展开样板

（2）选择需要旋转的样板并设定旋转角度，将其调整到正常制作时的状态。

①选中前片样板和后片样板，设定角度为－45°（逆时针旋转 45°，见图 2－7、图 2－8）。

②选中前中上拼块样板和后上拼块样板，设定角度为 90°（顺时针旋转 90°，见图 2－9、图 2－10）。

③选中前侧上拼块样板，设定角度为－90°（逆时针旋转 90°，见图 2－11、图 2－12）。

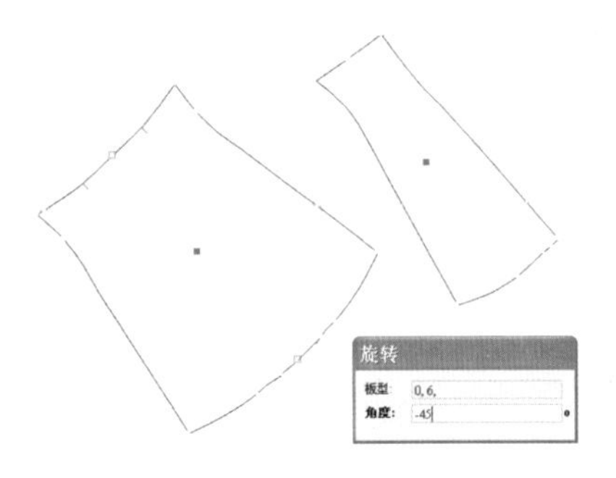

图 2−7　旋转前片和后片样板前

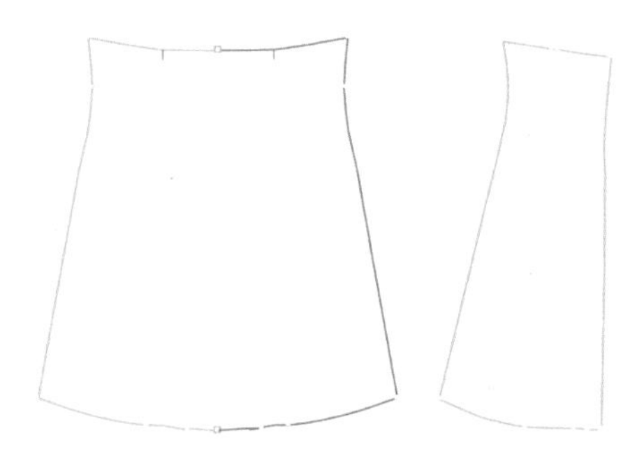

图 2−8　旋转前片和后片样板后

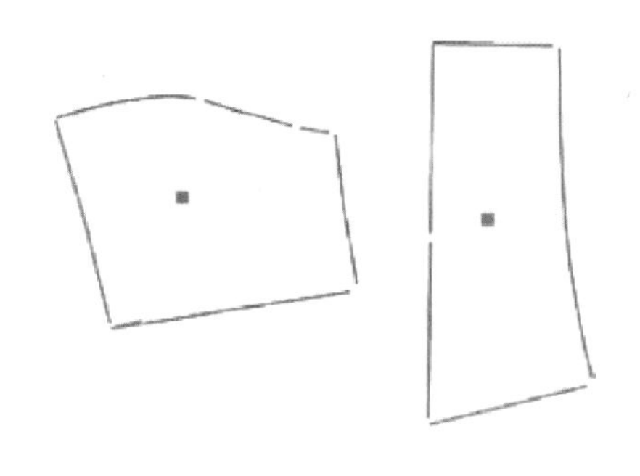

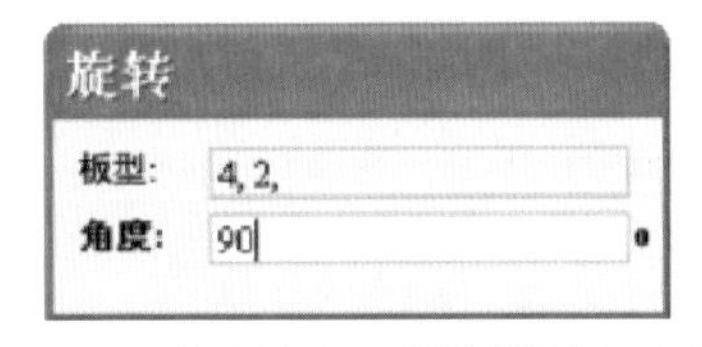

图 2−9　旋转前中上拼块样板和后上拼块样板前

图 2−10　旋转前中上拼块样板和后上拼块样板后

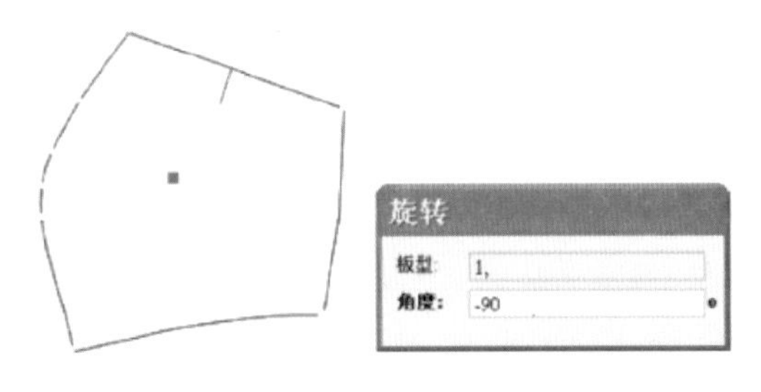

图 2−11　旋转前侧上拼块样板前

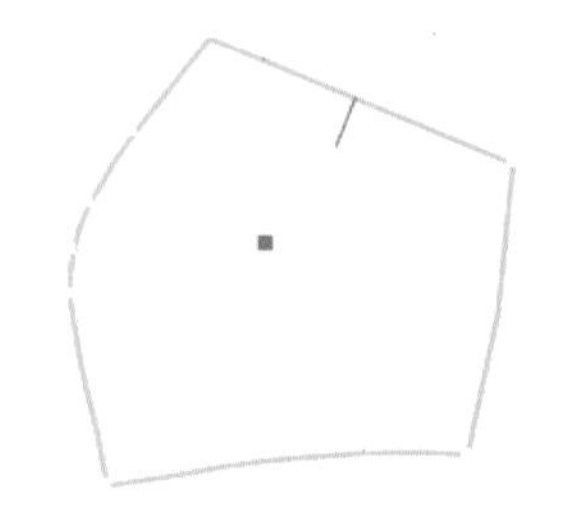

图 2−12　旋转前侧上拼块样板后

（3）用鼠标拖拽旋转后的样板，将它们放置整齐（见图 2−13）。

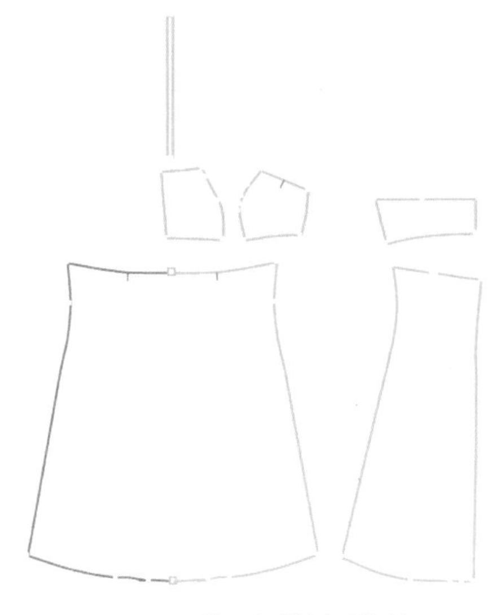

图 2－13　放置好样板后的效果

（4）复制全部样板。

①在“试穿功能中心”中点击“对称”，进入对称模式（见图 2－14）。

②点击“以 Y 轴对称复制”，对称复制全部样板（见图 2－15）。

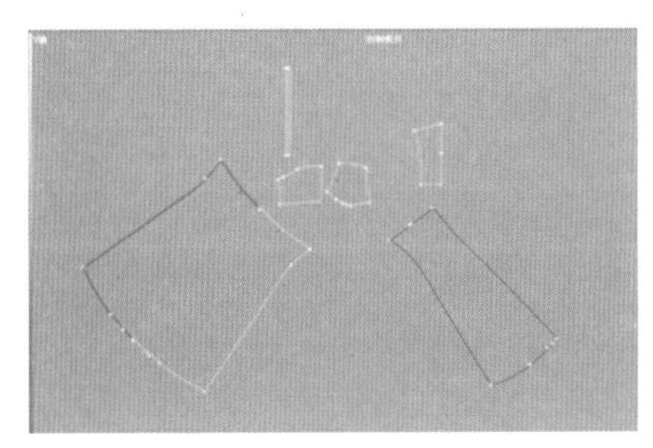

图 2－14　进入对称模式

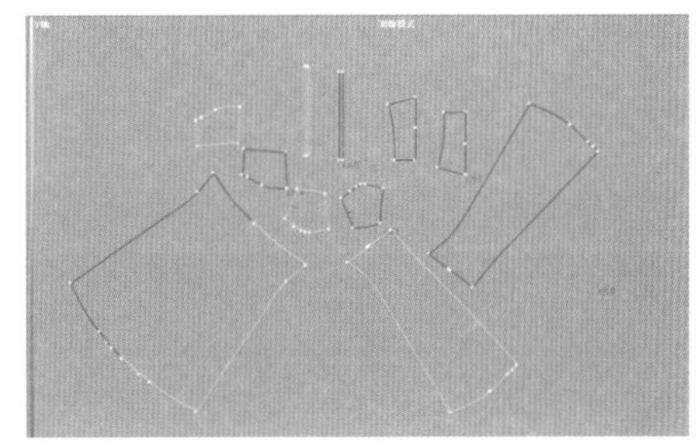

图 2－15　对称复制样板

（5）在“缝合功能中心”中依次点击“角”→“群组”，排列好对称的样板，并删除样板上多余的点（见图 2－16、图 2－17）。

图 2－16　排列好对称的样板　　图 2－17　删除样板上多余的点

3．设定样板对应三维人体模型的位置

（1）在“试穿功能中心”中依次点击“群集”→“创造新群集”，创造样板群集（见图2—18）。

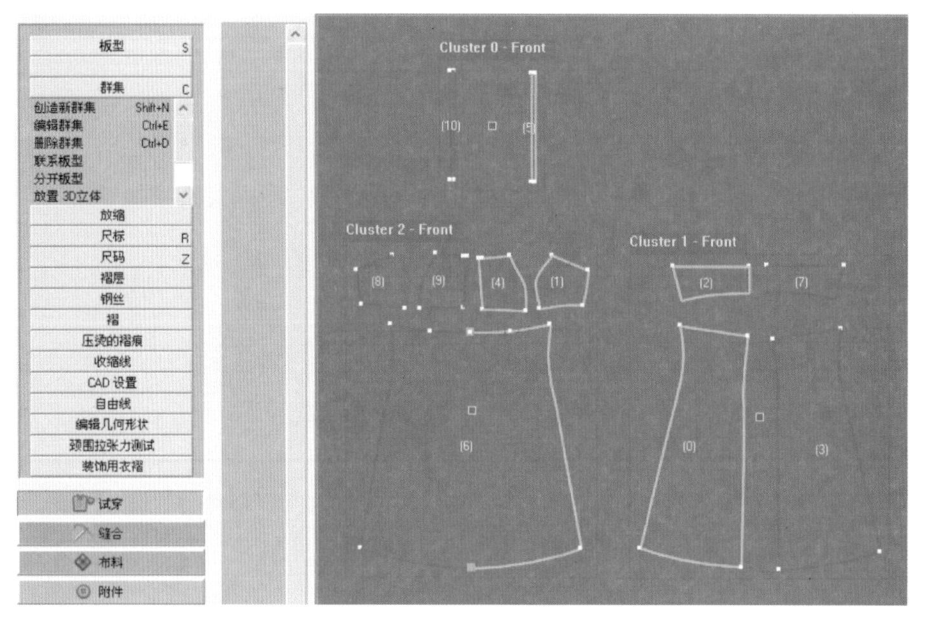

图2—18　创造样板群集

（2）编辑样板群集。

①设置肩带群集位置为“Straps”，围绕方式为“None”（见图2—19）。

②设置前片群集位置为“Front”，围绕方式为“None”（见图2—20）。

③设置后片群集位置为“Back”，围绕方式为“None”（见图2—21）。

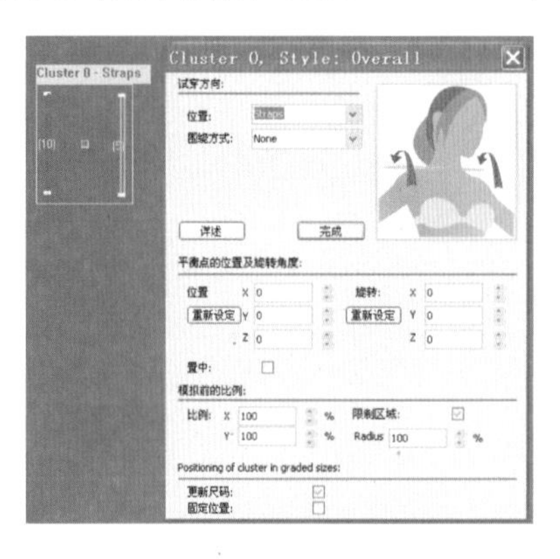

图2—19　设置肩带群集

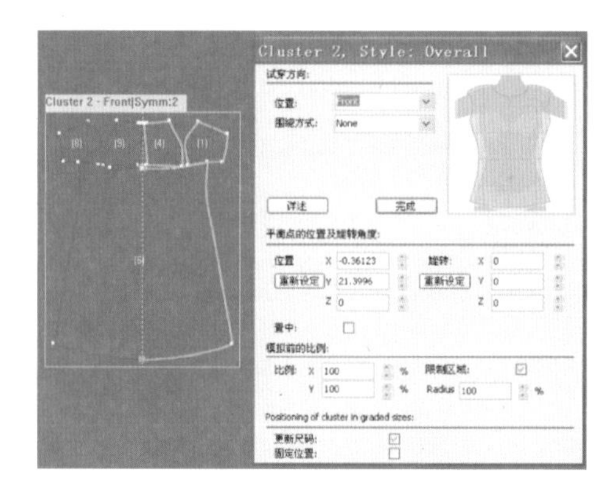

图2—20　设置前片群集

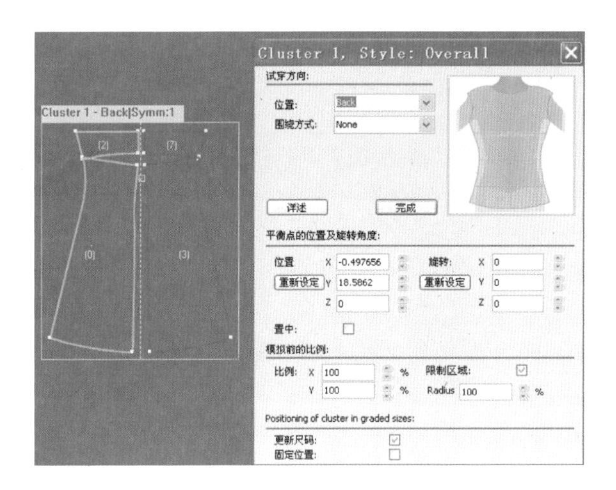

图 2—21　设置后片群集

（3）在“缝合功能中心”中依次点击“角”→“插入点”，插入需要缝合的点（见图 2—22）。

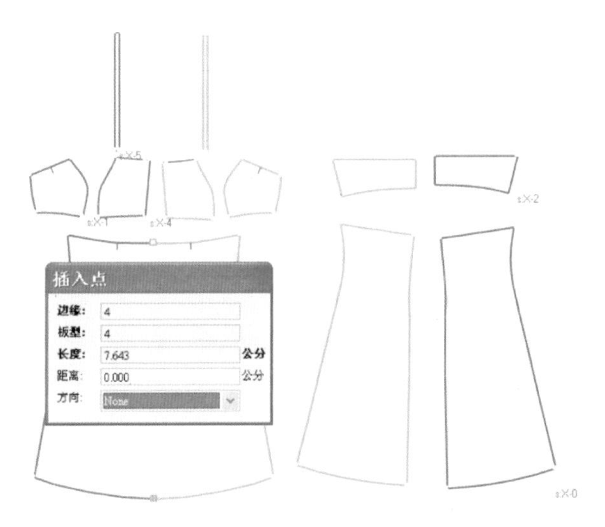

图 2—22　插入需要缝合的点

（4）在“缝合功能中心”中依次点击“车缝”→“普通车缝”，进行缝合制作（见图 2—23）。

①单边对单边的缝合，点击“普通车缝”进行缝合制作（见图 2—24）。

②一边对两边的缝合，点击“一边对多边车缝”进行缝合制作（见图 2—25）。

③单边对多边的缝合，对称边上会出现缝合点，先将其缝合，再点击“普通车缝”进行缝合制作（见图 2—26）。

④缝合完成后，点击“隐藏车缝”，隐藏缝合线（见图 2—27）。

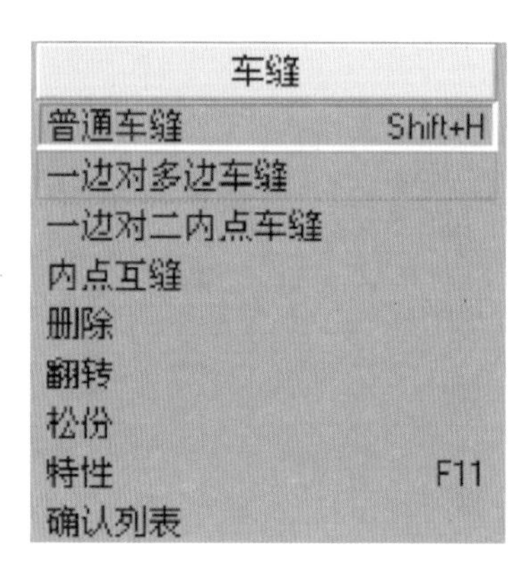

图 2－23 “车缝”功能菜单

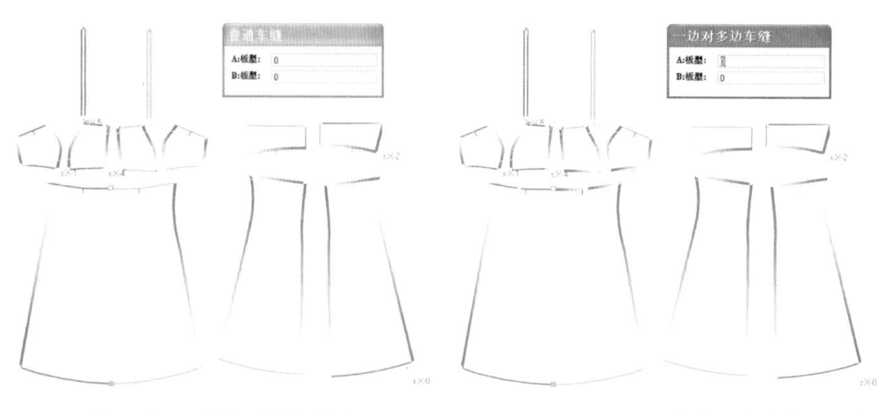

图 2－24 单边对单边缝合

图 2－25 一边对两边缝合

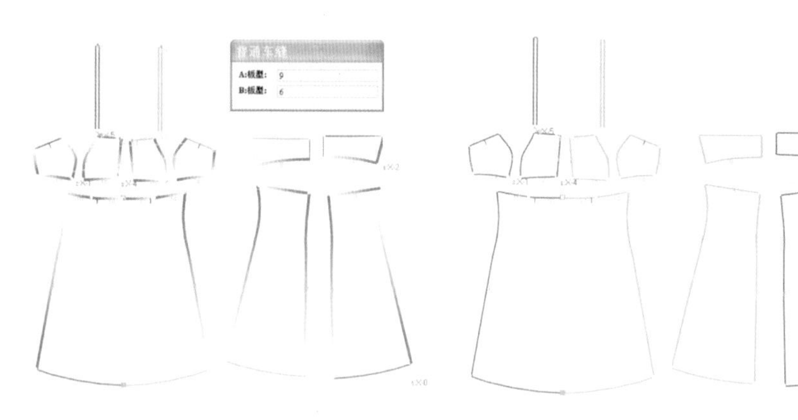

图 2－26 单边对多边缝合

图 2－27 隐藏缝合线后的样板

4. 将布料植入样板

（1）在“布料功能中心”中依次点击“色版”→“新的”，设定新的色版（见图 2－28、图 2－29）。

①输入色版名称（见图 2－30）。

②在“色版影像/颜色”对话框中选择调色板（见图 2－31）。

③在“颜色”对话框中选择基本颜色（见图 2－32）。

④点击“完成”，保存色版（见图 2—33）。

⑤填写色版名称（见图 2—34）。

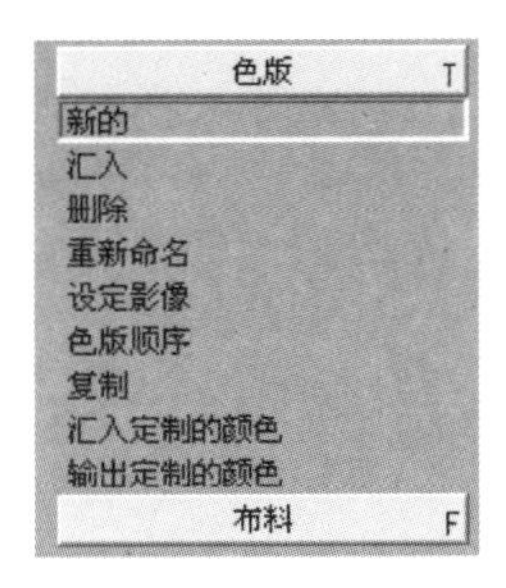

图 2—28 “色版”菜单

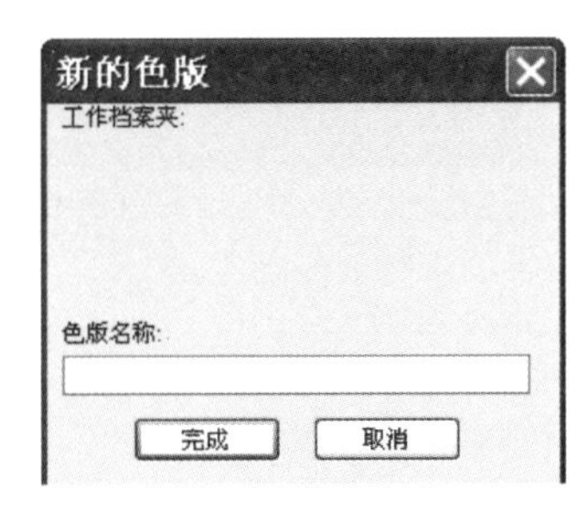

图 2—29 “新的色版”对话框

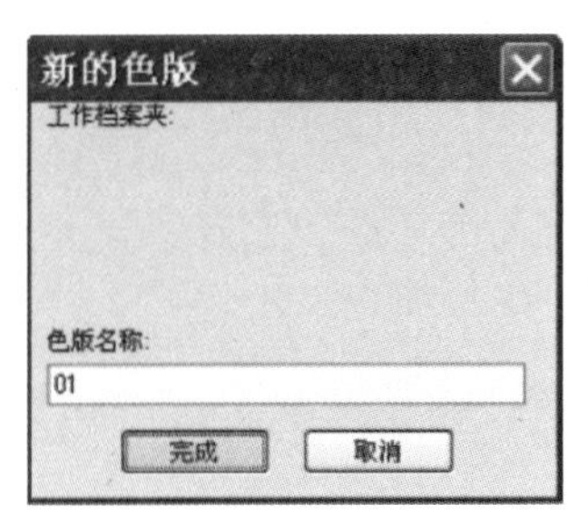

图 2—30 输入色版名称

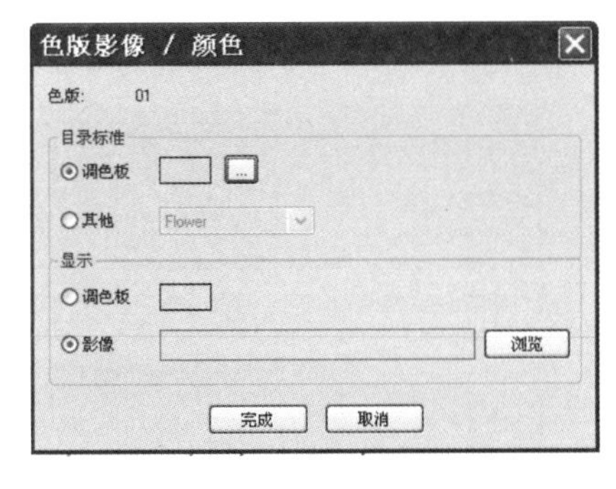

图 2—31 选择“调色板”

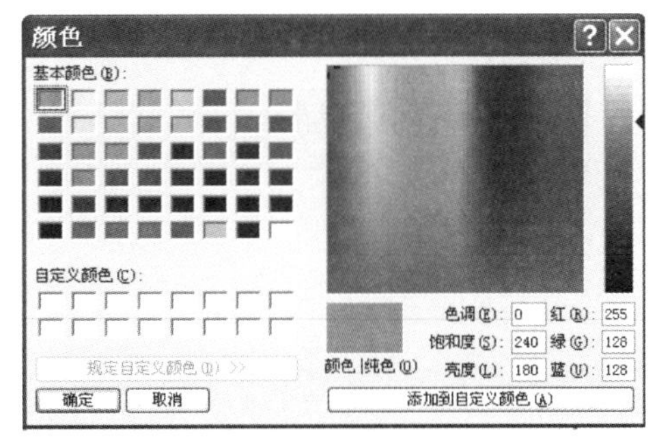

图 2—32 选择基本颜色

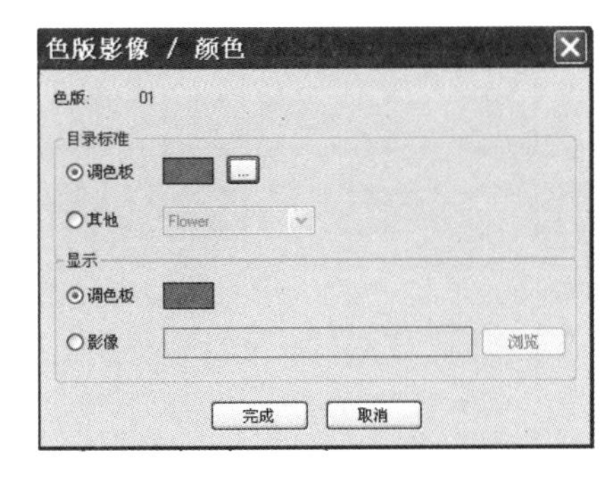

图 2—33 保存色版

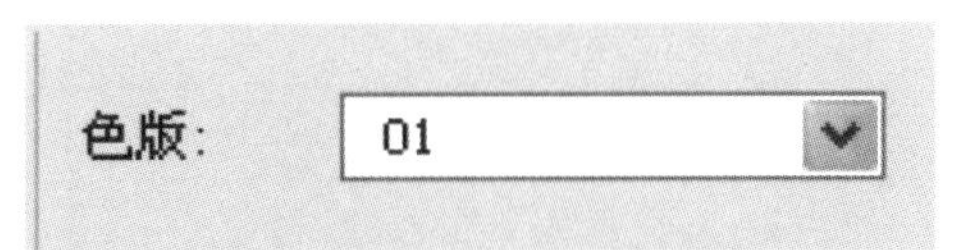

图 2—34 填写色版名称

（2）在“布料功能中心”中依次点击“布料”→“新的”，新增织物（见图 2—35）。

①在“新增织物”对话框中输入新增织物名称，设定布料的种类、织物名称、组合及描述，并在弹出的对话框中选择“是”（见图 2—36）。

②点击“完成”（见图 2—37）。

③按软件设置的路径找到影像文件夹，进入影像文件夹后找到并打开布料影像文件夹，选定所需的布料影像（见图 2—38、图 2—39、图 2—40）。

④在“布料功能中心”依次点击“布料”→“分配到全部”，将选定的面料植入样板之中（见图 2—41）。

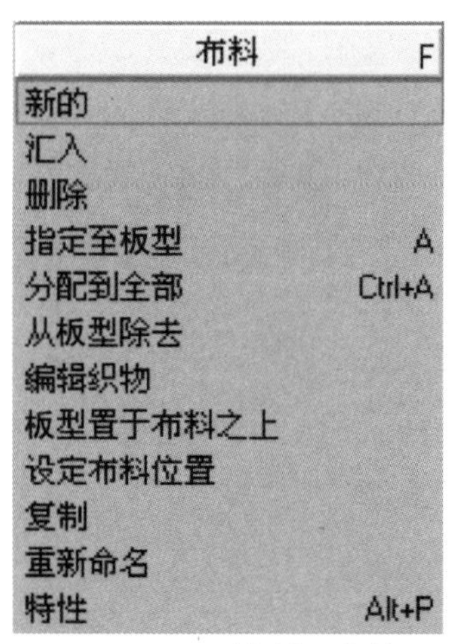

图 2—35 “布料”菜单

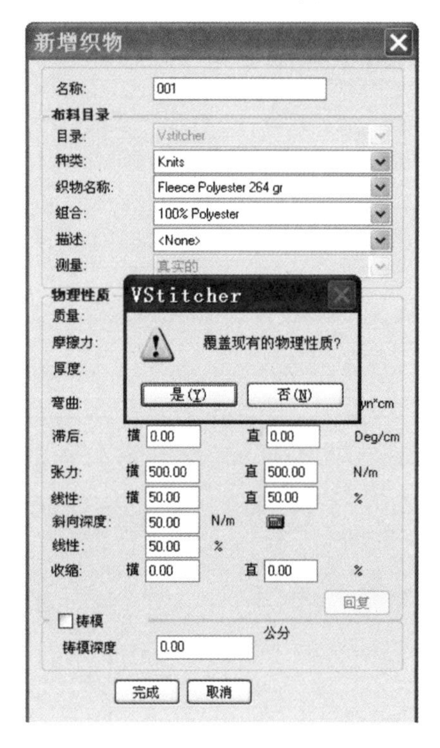

图 2—36 在“新增织物”对话框中设置各种参数

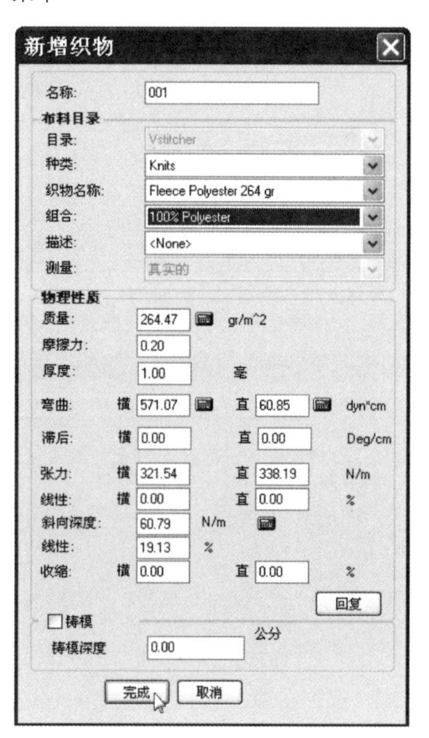

图 2—37 点击“完成”

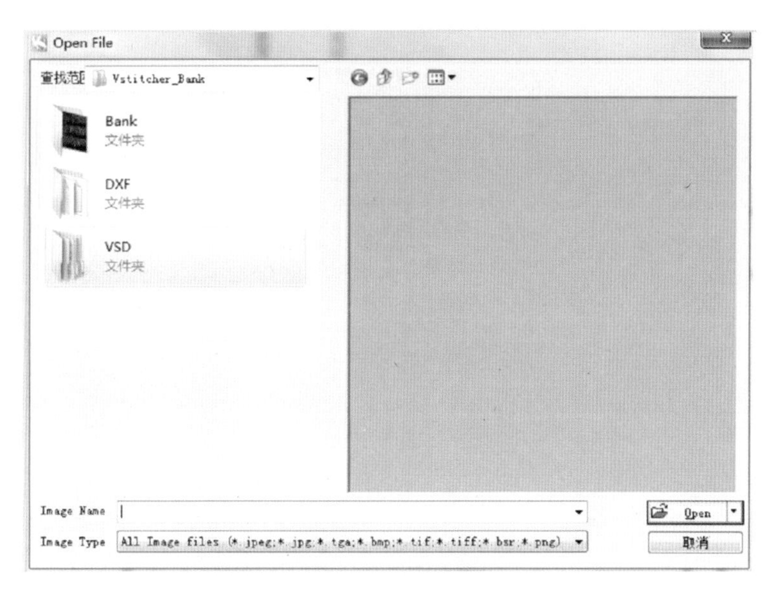

图 2—38　找到影像文件夹

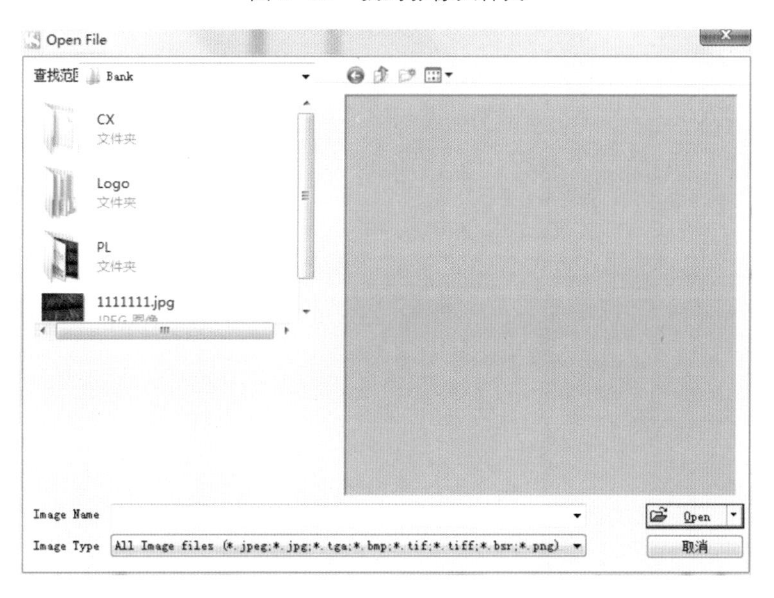

图 2—39　找到布料影像文件夹

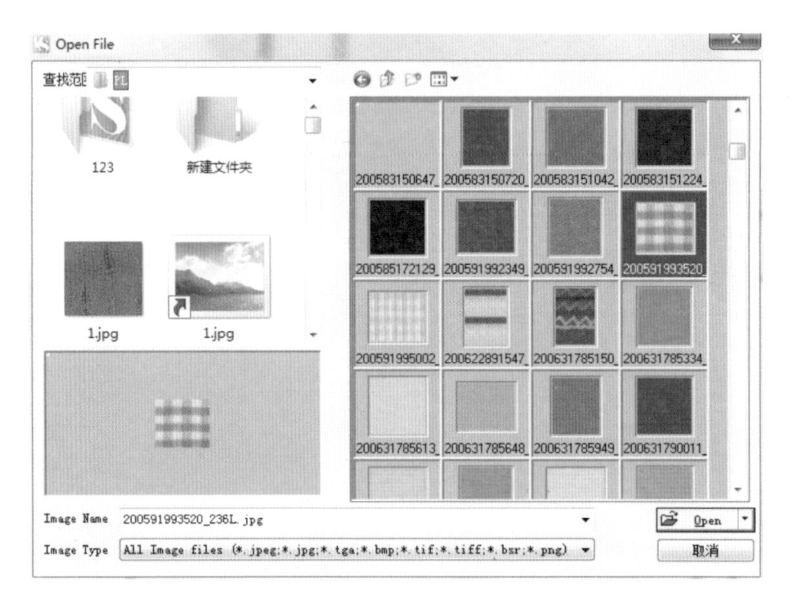

图 2−40　在布料影像文件夹中选定所需的布料影像

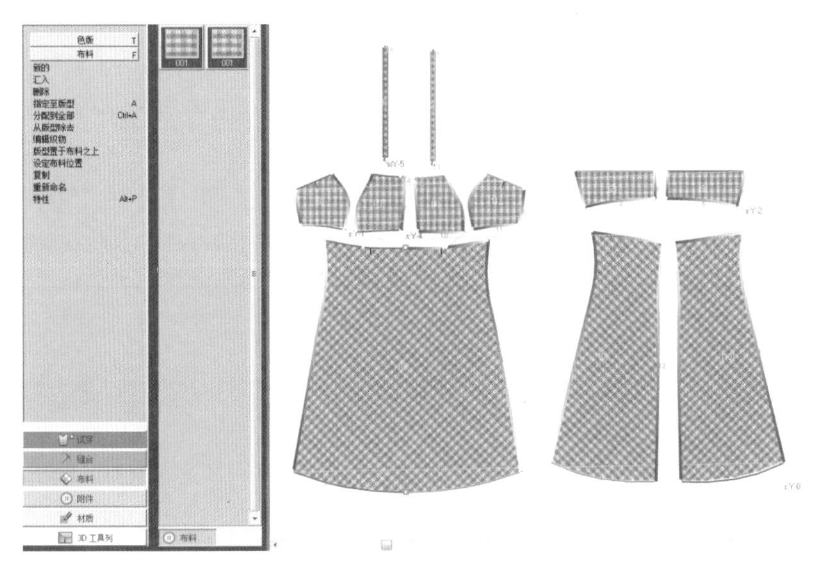

图 2−41　将选定的布料植入样板

5. 添加车缝效果

（1）在“缝合功能中心”中依次点击“接缝织物”→“新的”，增加新的缝合线，设定其名称后点击“完成”（见图 2−42）。

（2）按软件设置的路径，打开缝合线影像文件夹，找到所需的缝合线影像（见图 2−43、图 2−44、图 2−45）。

（3）选定所需的缝合线影像（见图 2−46）。

（4）点击“Open”按钮。

（5）点击“指定到边缘”，将选定的缝合线植入样板的边缘（见图 2−47）。

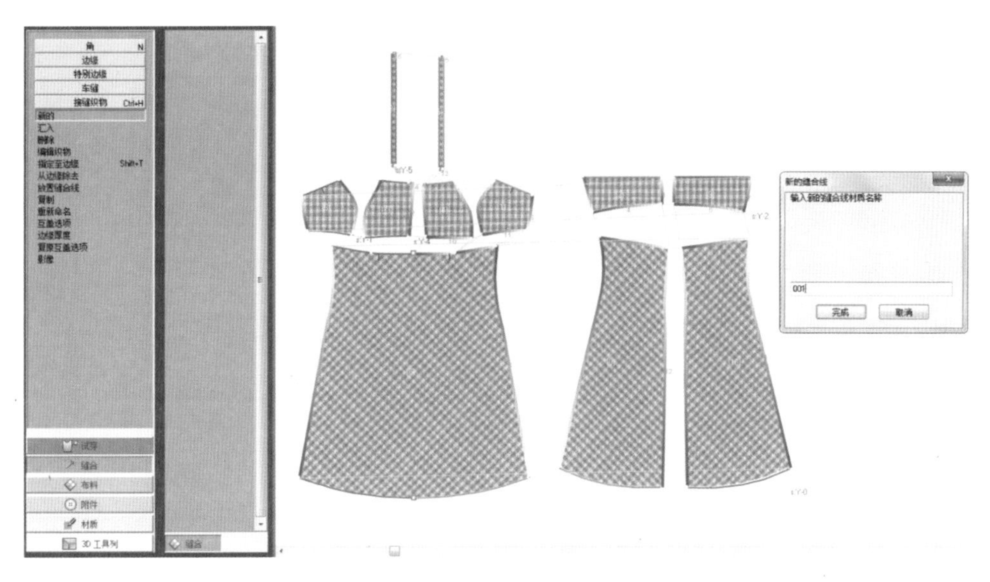

图 2—42　增加新的缝合线

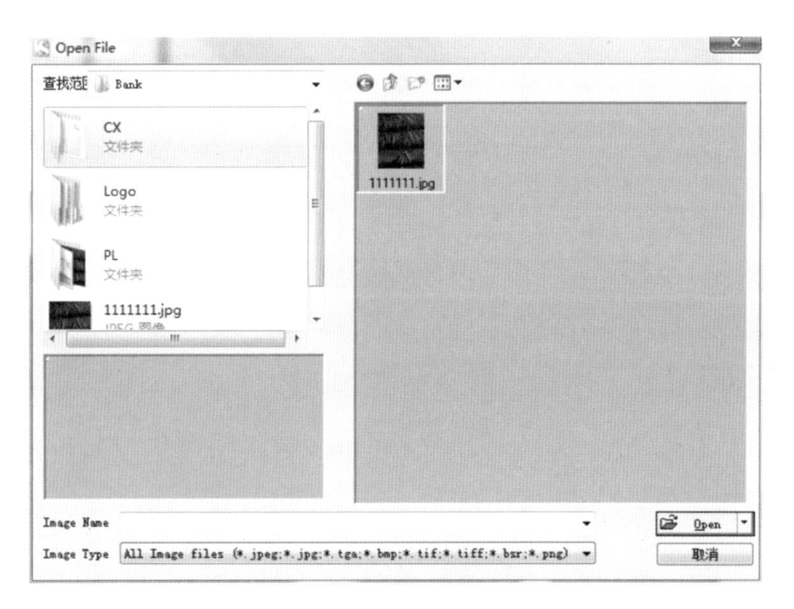

图 2—43　找到影像文件夹

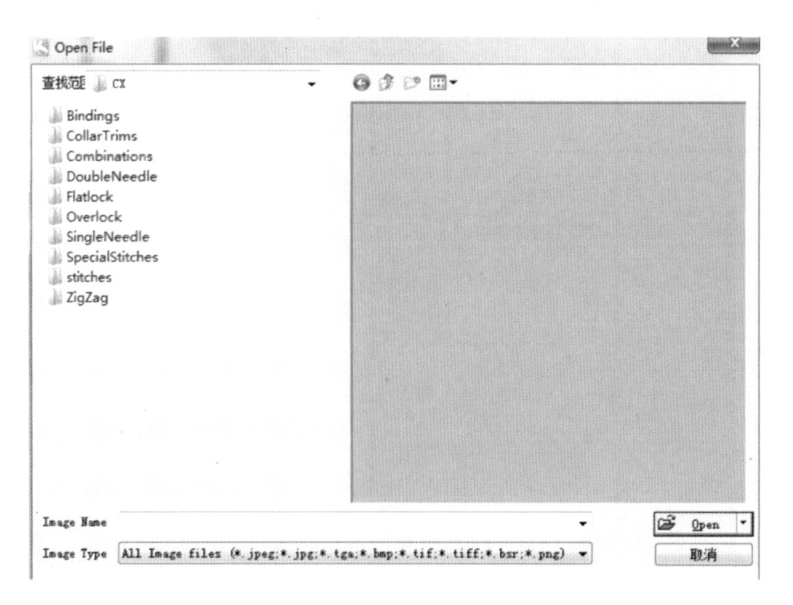

图 2-44　找到缝合线影像文件夹

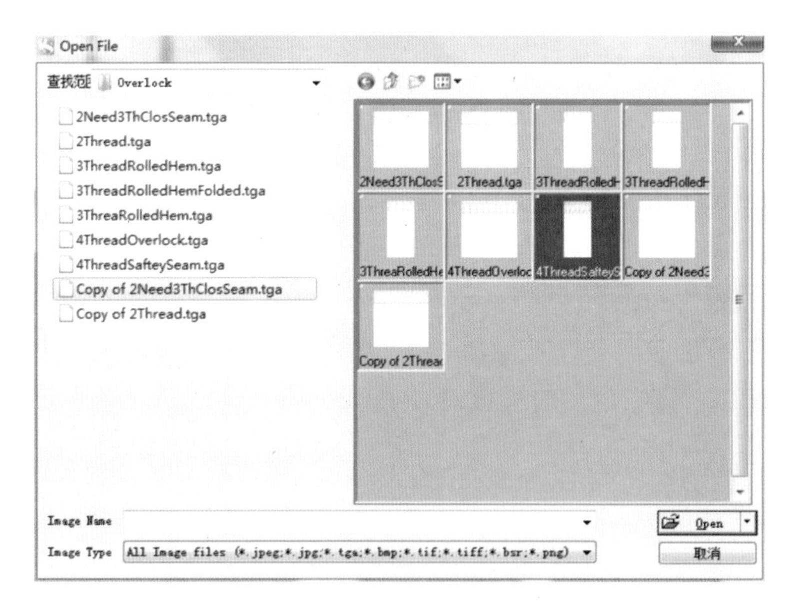

图 2-45　找到所需的缝合线影像

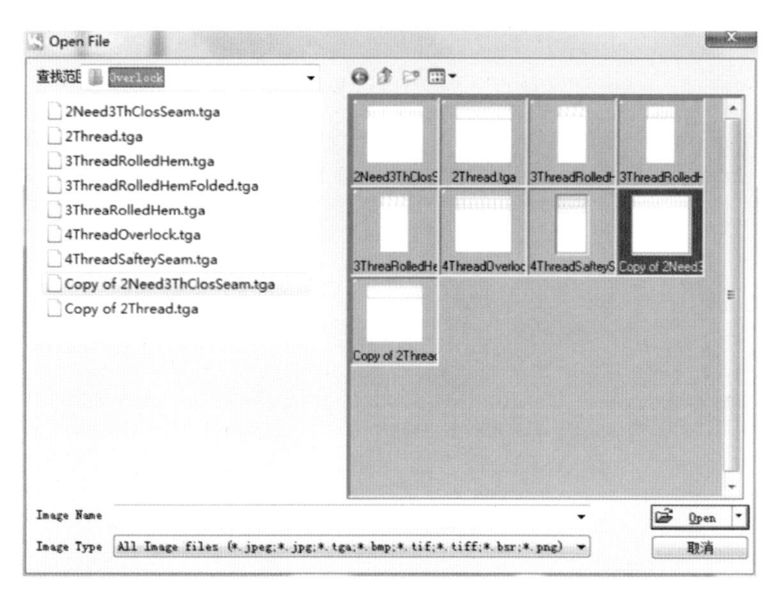

图 2—46　选定所需的缝合线影像

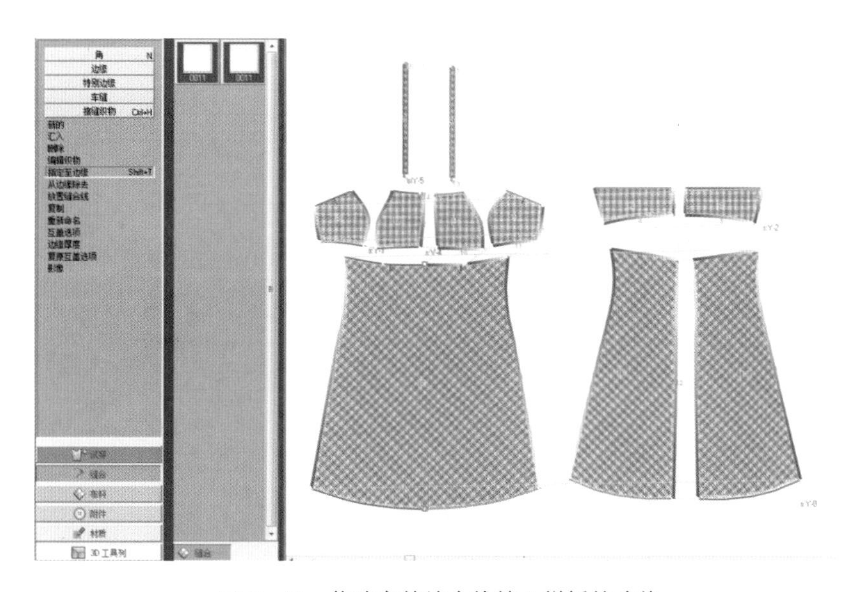

图 2—47　将选定的缝合线植入样板的边缘

6. 添加 logo

(1) 在“附件功能中心”中依次点击“附件”→“新的”，在弹出的对话框中找到 logo 影像文件夹（见图 2—48）。

(2) 进入 logo 影像文件夹，选定所需 logo 影像（见图 2—49）。

(3) 在弹出的对话框中选择“是”，为新的 logo 创造版型（见图 2—50）。

(4) 将生成的 logo 移动到相应样板上（见图 2—51）。

(5) 在“附件功能中心”中点击“附加”，把生成的 logo 附加到前片样板上（见图 2—52）。

（6）选中生成的 logo，在“材质功能中心”中依次点击“效果”→“基本颜色”，在弹出对话框中选择一个颜色后点击“确定”（见图 2—53）。

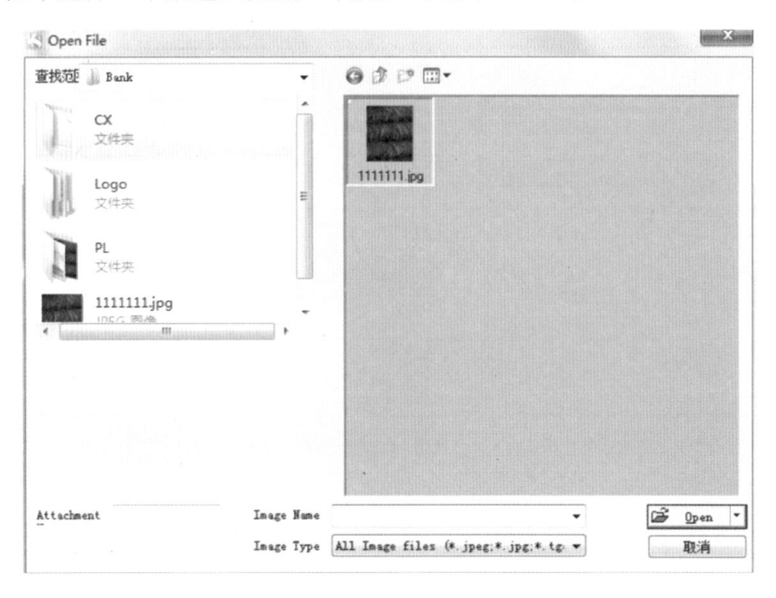

图 2—48　找到 logo 影像文件夹

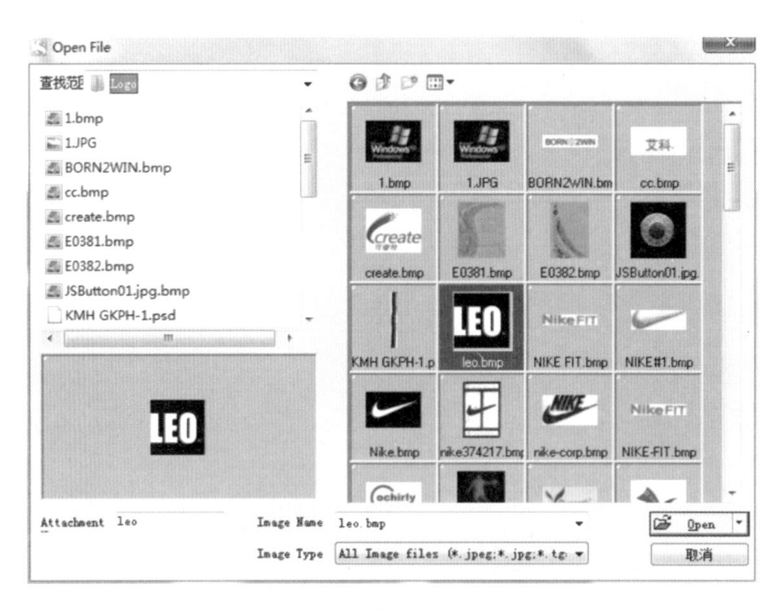

图 2—49　选定所需 logo 影像

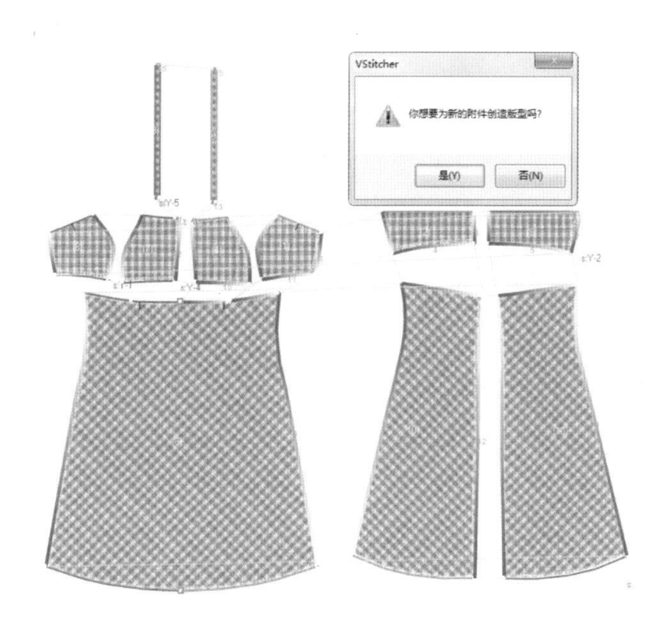

图 2—50　为新的 logo 创造版型

图 2—51　将生成的 logo 移动到相应样板上

图 2—52　把生成的 logo 附加到前片样板上

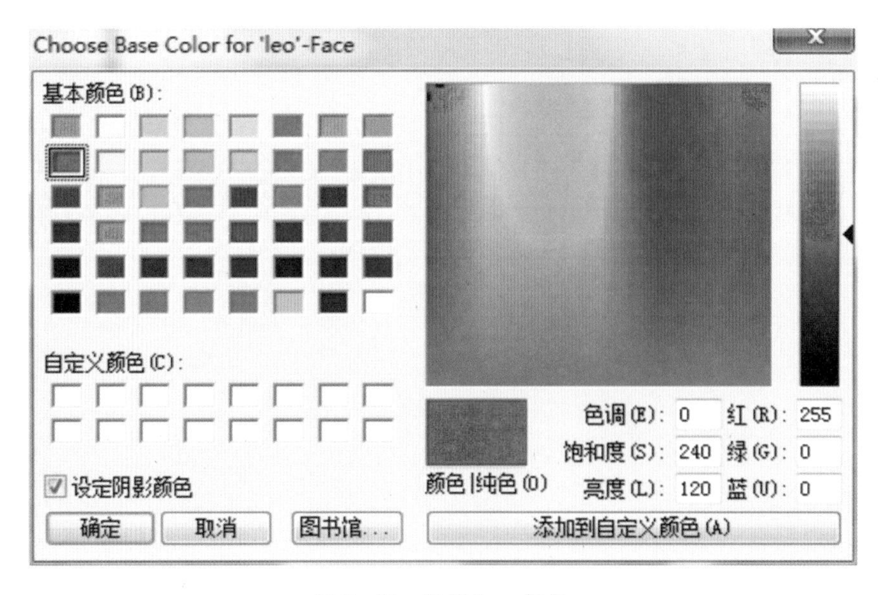

图 2—53　设置 logo 颜色

7. 生成三维仿真试衣效果

(1) 进入三维仿真试衣工作区，选择试穿衣服的三维人体模型（见图 2—54）。

(2) 在快捷功能图标区中点击“试穿”键，制作好的样板会出现在三维人体模型的相应部位。

(3) 按住“Ctrl”键，样板相应位置出现 3D 立体点，用鼠标调整样板至合理位置（见图 2—55）。

①调整前片样板（见图 2—56）。

②调整后片样板（见图 2—57）。

（4）调整完成后，点击三维仿真试衣工作区的“试穿”键，开始模拟试穿，样板就会以网格的形式模拟出衣服的三维仿真试衣效果（见图 2—58、图 2—59）。

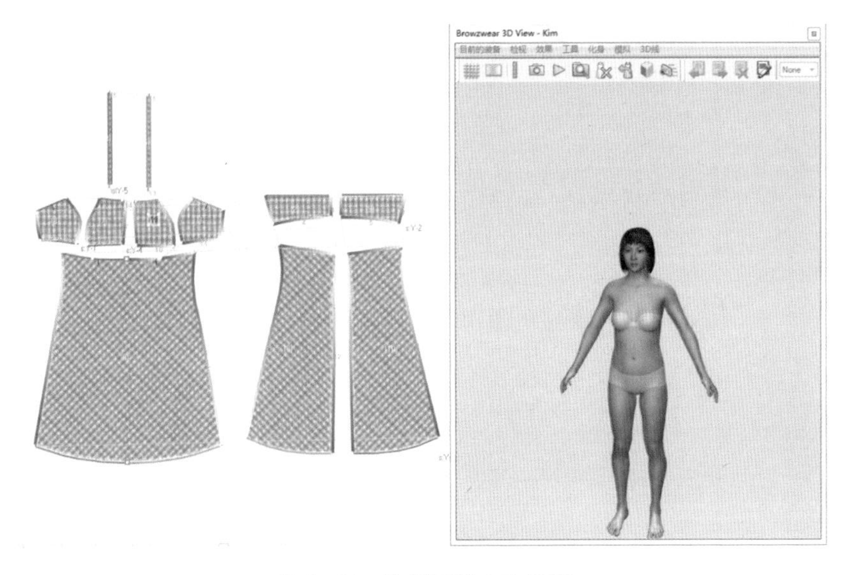

图 2—54　选择三维人体模型

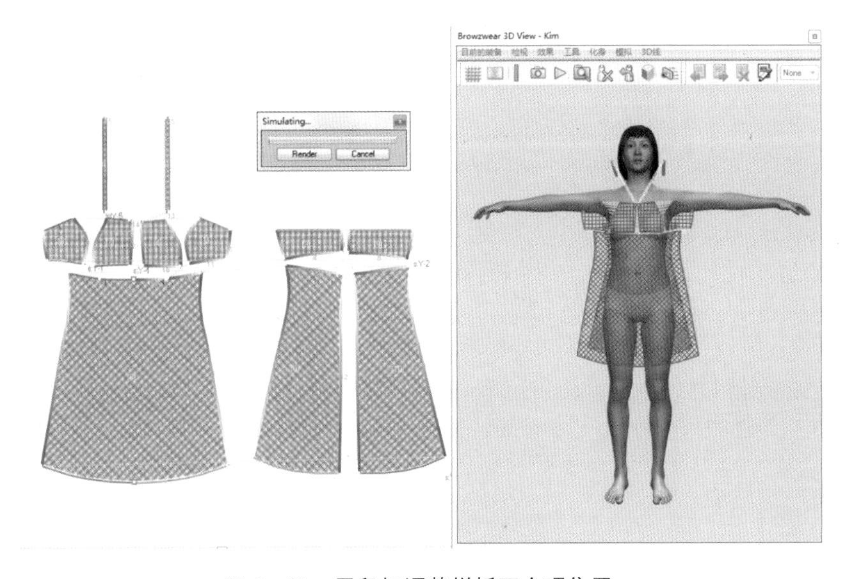

图 2—55　用鼠标调整样板至合理位置

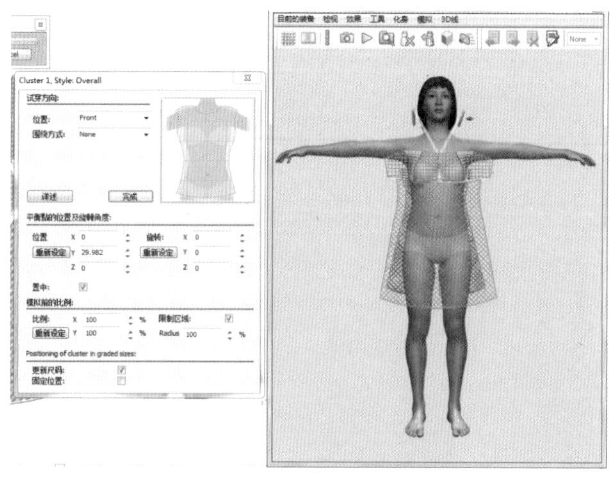

图 2—56 调整前片样板

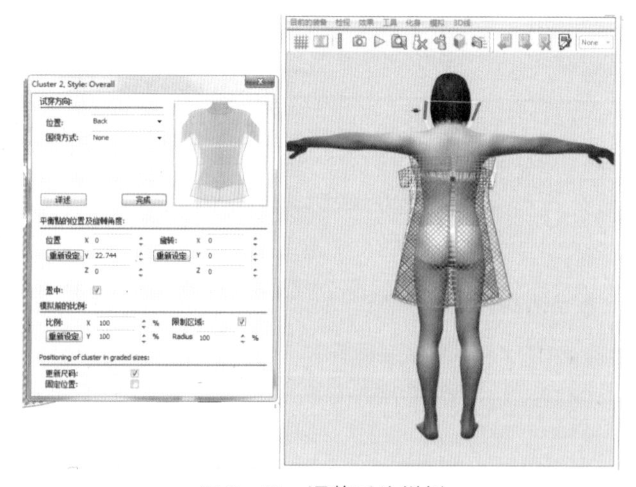

图 2—57 调整后片样板

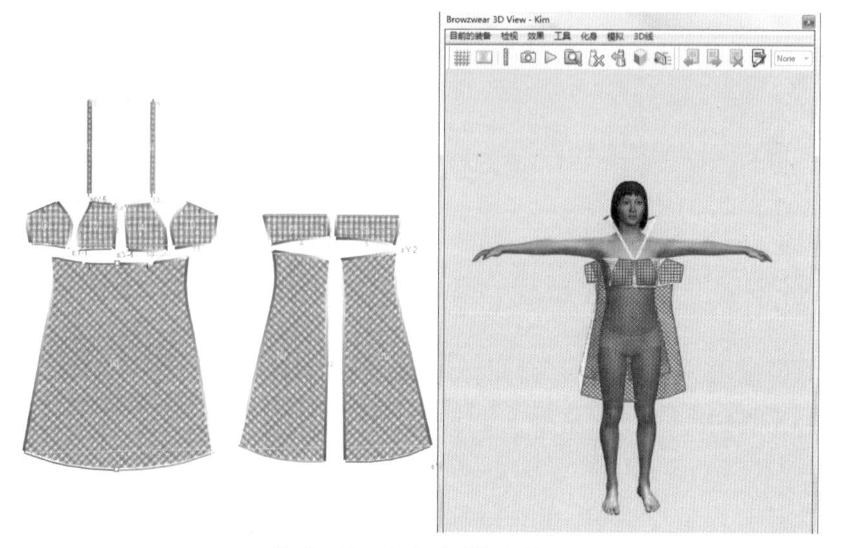

图 2—58 点击“试穿”键

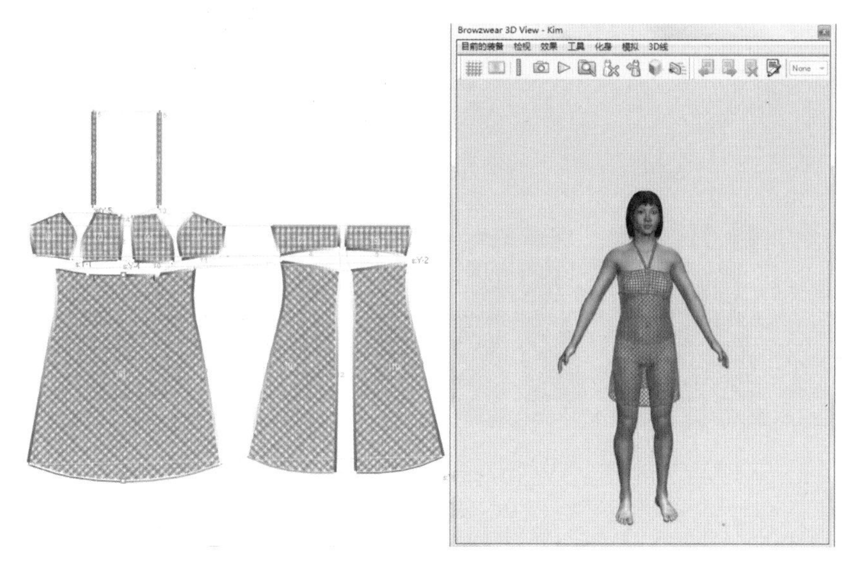

图 2—59 三维仿真试衣效果

8. 更换衣服的面料

（1）模拟出衣服的三维仿真试衣效果后，可以在“材质功能中心”中依次点击“版面配置”→“取代影像”，选择另一种面料影像生成新的三维仿真试衣效果（见图 2—60、图 2—61）。

（2）若要新增一种面料影像，可选择布料文件夹中的另一种面料影像并打开（见图 2—62）。

（3）在“布料功能中心”中点击“布料”→“指定至版型”，可将面料设置在特定的样板上（见图 2—63），再结合软件工具可以看到多种模拟效果（见图 2—64～图 2—68）。

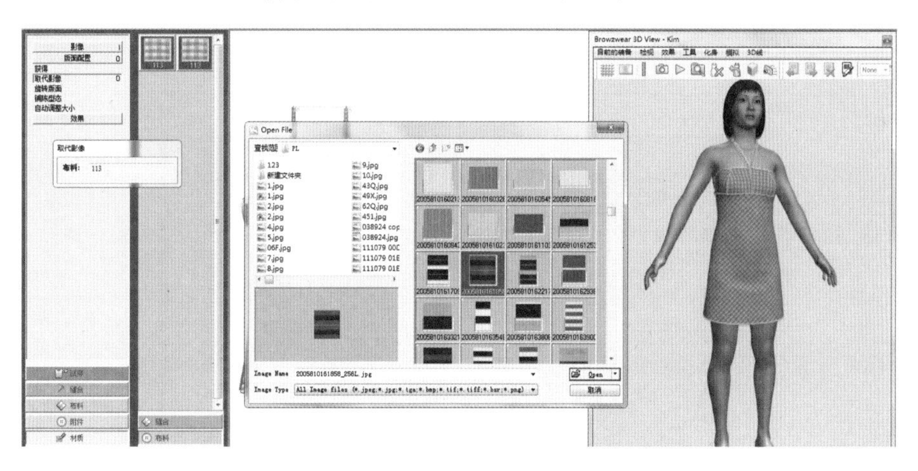

图 2—60 选择另一种面料影像并打开

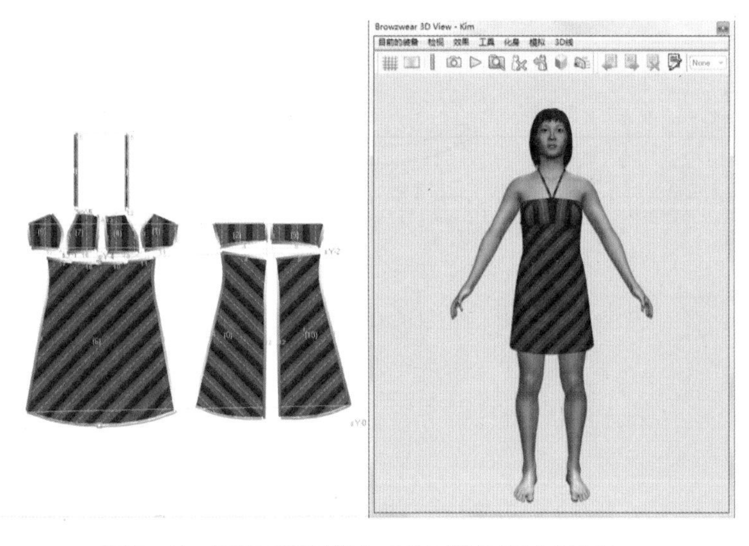

图 2—61　更换面料后新生成的三维仿真试衣效果

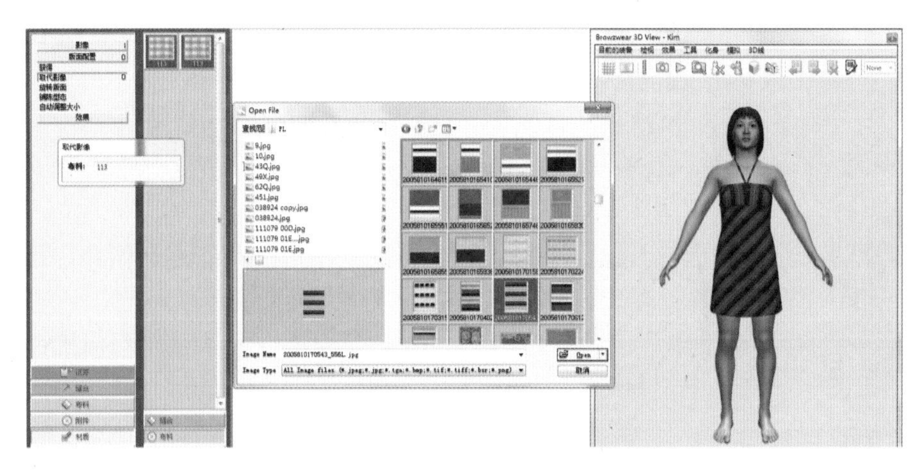

图 2—62　新增一种面料影像

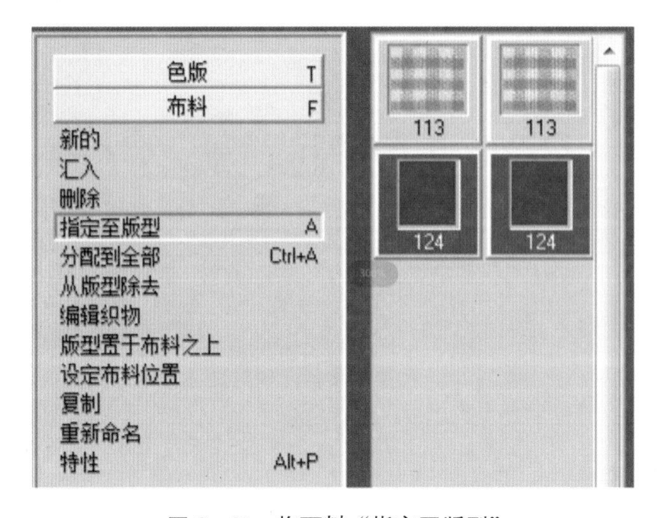

图 2—63　将面料“指定至版型”

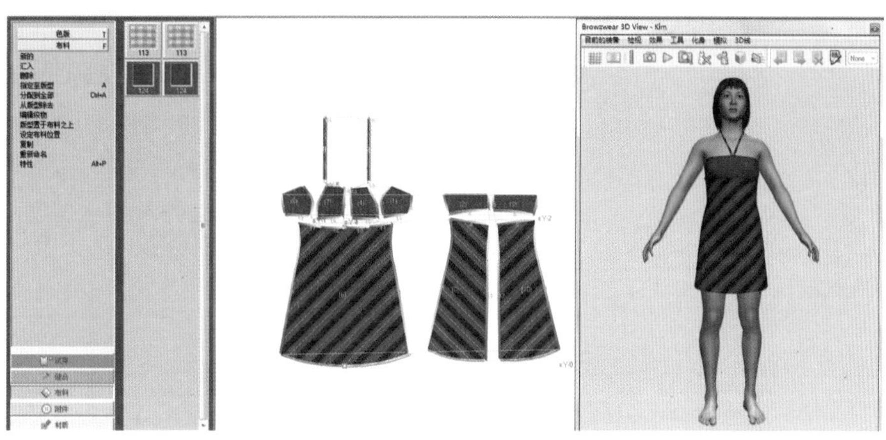

图 2－64　不同面料的效果

图 2－65　不同角度的效果 1

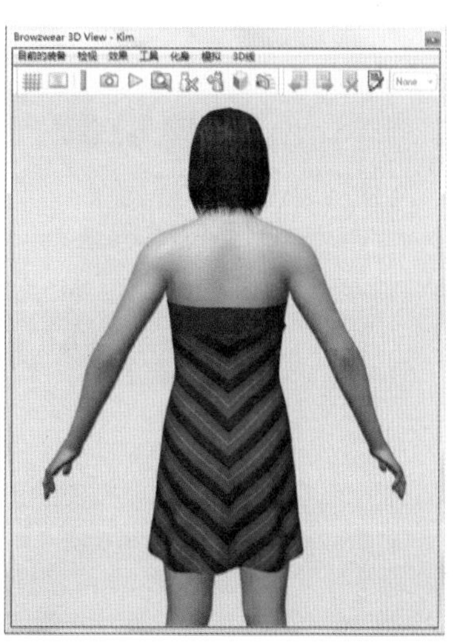

图 2－66　不同角度的效果 2

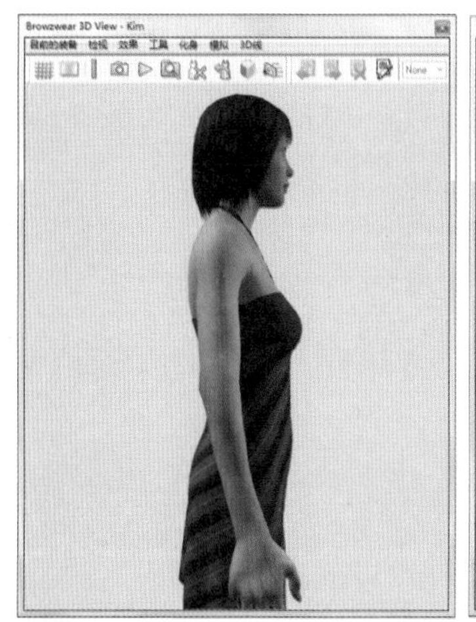

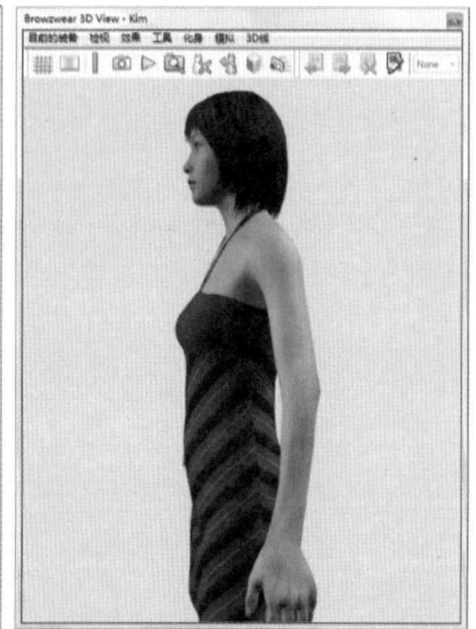

图 2－67　不同角度的效果 3

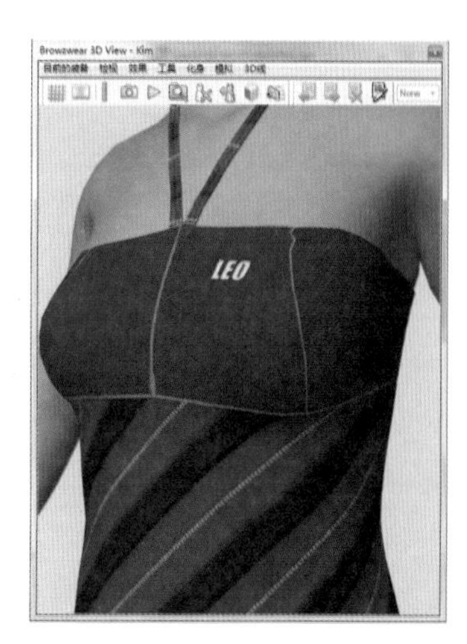

图 2－68　局部放大效果

9. 生成衣橱照片并转存至衣服数据库

（1）点击三维仿真试衣工作区快捷功能键栏的“输出 JPG 档案”按钮，弹出“储存影像”对话框（见图 2—69）。

（2）勾选“衣橱照片”。

（3）点击“完成”按钮。

（4）点击“试穿到衣橱”。

（5）生成衣橱照片并保存。

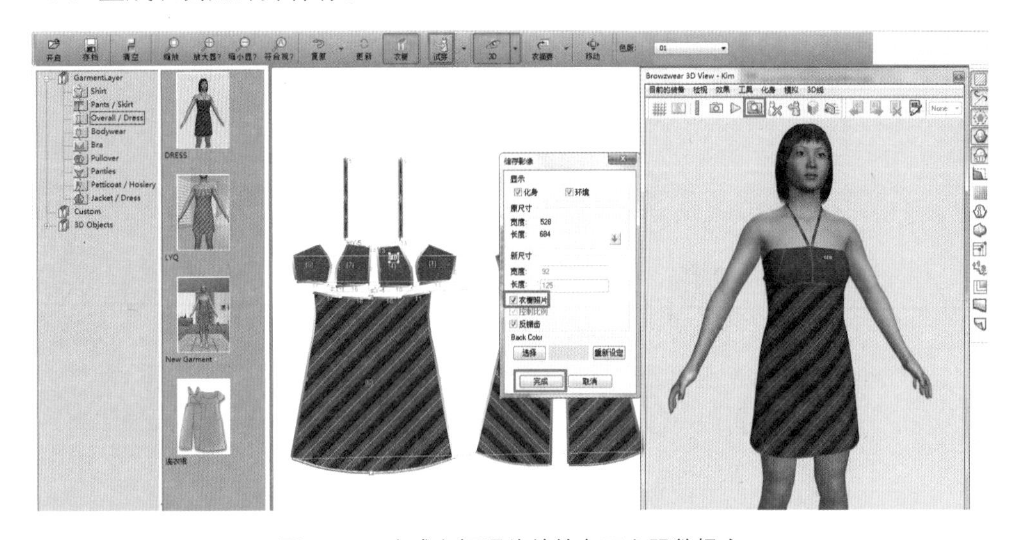

图 2—69 生成衣橱照片并转存至衣服数据库

连衣裙款式介绍与样板导入

连衣裙样板修正

连衣裙三维仿真试衣

第二节 女式衬衫

本节主要讲解如何用服装 VSD 软件创造女式衬衫 CAD 样板，并进行三维仿真试衣。

一、女式衬衫款式效果

女式衬衫款式效果如图 2—70 所示。

图 2—70　女式衬衫款式效果图

二、女式衬衫规格尺寸

女式衬衫常见规格尺寸见表 2—1。本例中号型为“160/168A”。

表 2—1　女式衬衫规格尺寸表

部位名称	号型				档差
	155/64A	160/68A	165/72A	170/76A	
衣长	54	56	58	60	2
肩宽	37.5	38.5	39.5	40.5	1
领围	35	36	37	38	1
胸围	88	92	96	100	4
腰围	72	76	80	84	4
摆围	91	95	99	103	4
袖长	54.5	56	57.5	59	1.5
袖肥	30.4	32	33.6	35.2	1.6
袖口围	17	18	19	20	1

三、创造二维服装样板

1. 编辑衣服分类信息

在菜单栏中依次点击“档案”→“新增”→“分类”，在弹出的对话框中编辑衣服分类信息（见图 2—71、图2—72）。

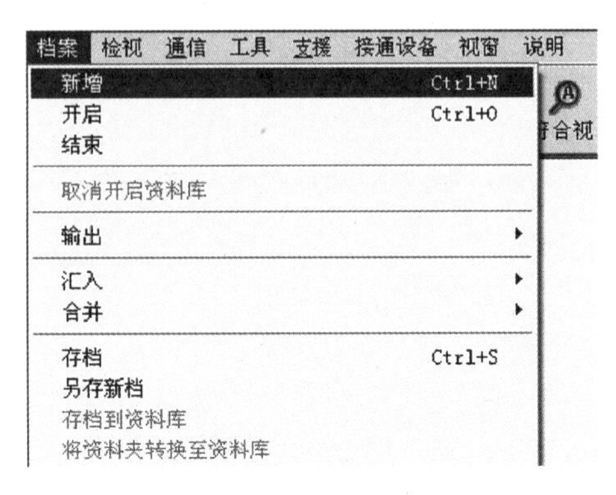

图 2—71 “档案”菜单

图 2—72 “分类”对话框

2. 创造前片样板

(1) 在“试穿功能中心”中依次点击“版型”→“创造参数”，打开“创造参数”对话框（见图 2—73 和图 2—74）。

(2) 创造前片矩形，宽度为 23.5cm（其计算方法为胸围/4+0.5cm），高度为 56cm（见图 2—74）。

(3) 在“缝合功能中心”中依次点击“角”→“插入点”（见图 2—75）。

(4) 在弹出的对话框中设置前片外部控制点。

①沿顺时针方向在 7.5cm 处插入点——前片直开领端点（见图 2—76）。

②沿逆时针方向在 7cm 处插入点——前片横开领端点（见图 2—77）。

③沿逆时针方向在 11.4cm 处插入点——前片肩端点（见图 2—78）。

④沿逆时针方向在 21.3cm 处插入点——前片胸围线端点（见图 2—79）。

⑤沿逆时针方向在 18.7cm 处插入点——前片腰围线侧缝端点（见图 2—80）。

⑥前片外部控制点插入完成的效果如图 2—81 所示。

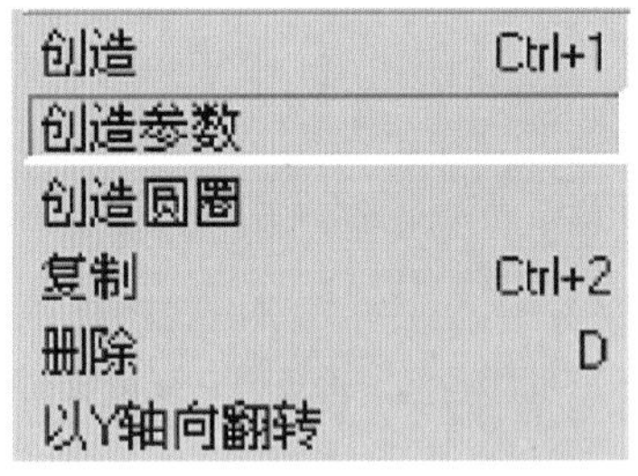

图 2—73 点击“创造参数”

图 2—74 创造前片矩形

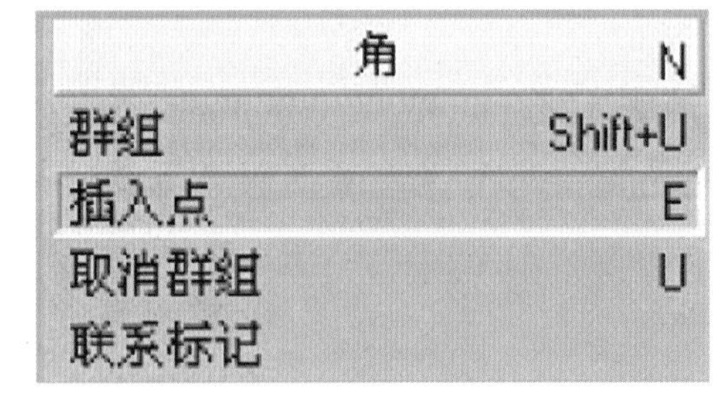

图 2—75 点击“插入点”

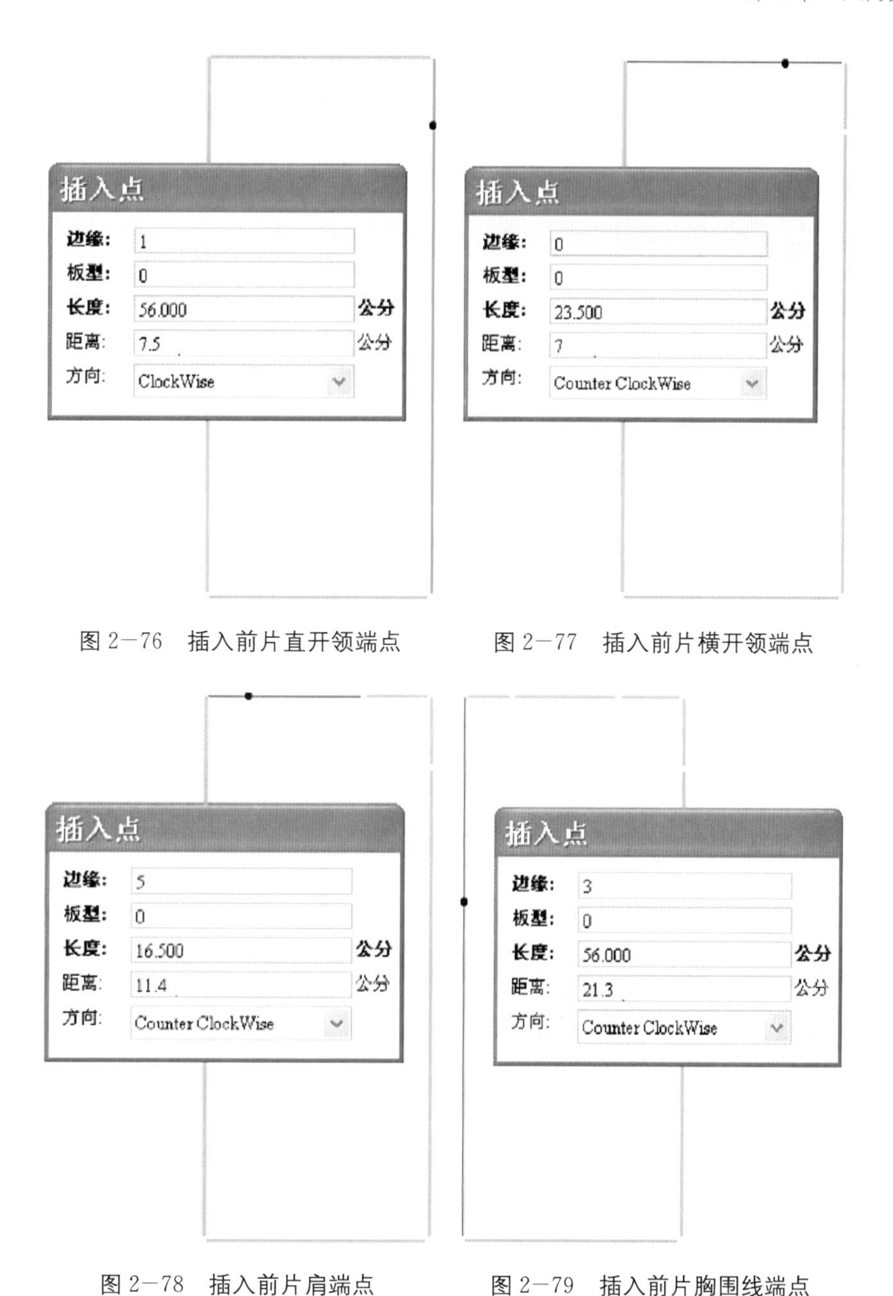

图 2—76　插入前片直开领端点

图 2—77　插入前片横开领端点

图 2—78　插入前片肩端点

图 2—79　插入前片胸围线端点

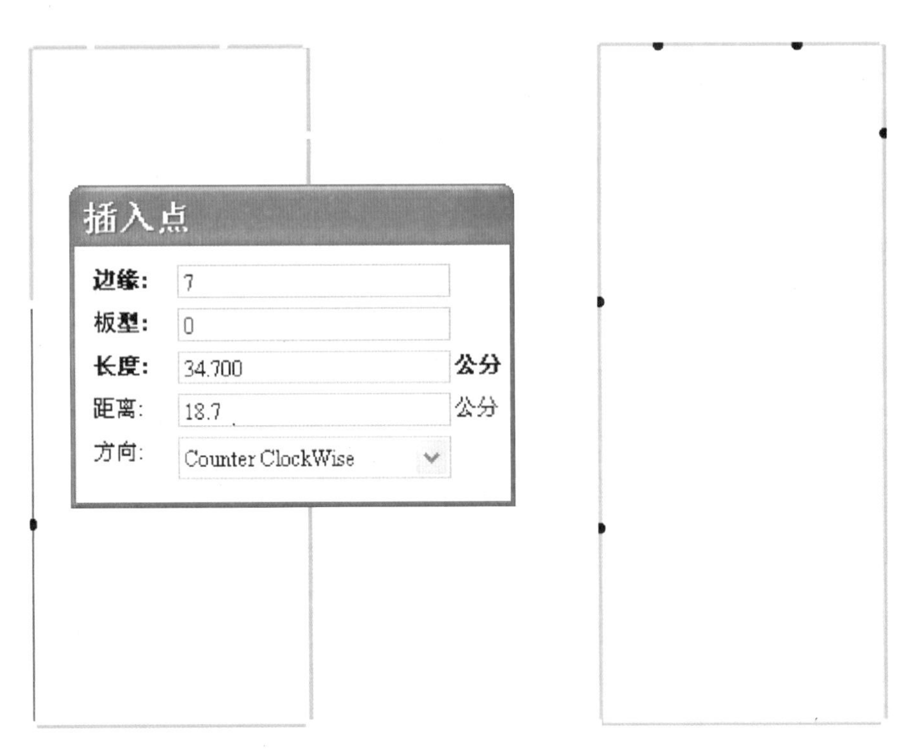

图 2—80　插入前片腰围线侧缝端点　　　　图 2—81　前片外部控制点插入完成

（5）在“试穿功能中心”中依次点击“CAD 设置”→“移除点：点”（见图 2—82、图 2—83），删除不需要的控制点（见图 2—84、图 2—85）。

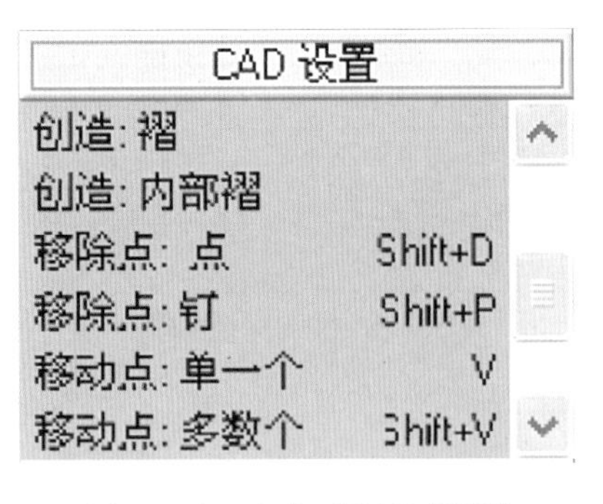

图 2—82　点击“CAD 设置”

图 2—83　点击“移除点：点”

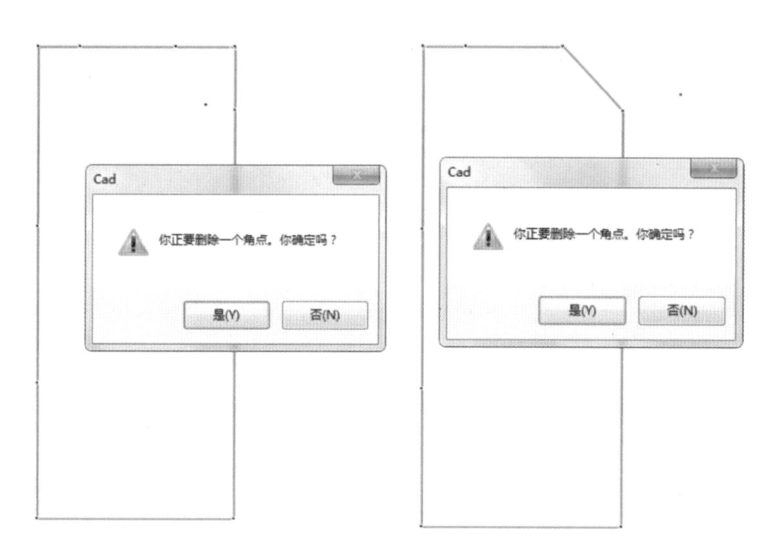

图 2—84　删除点 1　　　　图 2—85　删除点 2

（6）在“试穿功能中心”中依次点击“CAD 设置”→“移动点：单一个”（见图 2—86），在弹出的对话框中输入要移动的数值，即可进行控制点的移动调整。

①将前片肩端点沿竖直方向下移 4.3cm（见图 2—87）。

②将前片腰围线侧缝端点沿水平方向右移 1.6cm（见图 2—88）。

③将前片摆围线侧缝端点沿竖直方向上移 1.5cm，沿水平方向左移 0.5cm（见图 2—89）。

（7）在“试穿功能中心”中依次点击“CAD 设置”→“创造点：曲线”，创造曲线点（见图 2—90）。

（8）选择“移动点：单一个”功能，调顺领弧线、袖窿弧线、侧缝线等相关曲线（见图 2—91）。

（9）完成前片样板的创造（见图 2—92）。

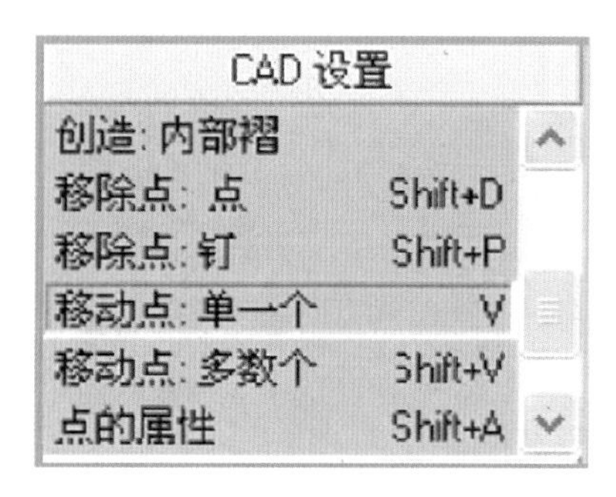

图 2—86　点击“移动点：单一个”

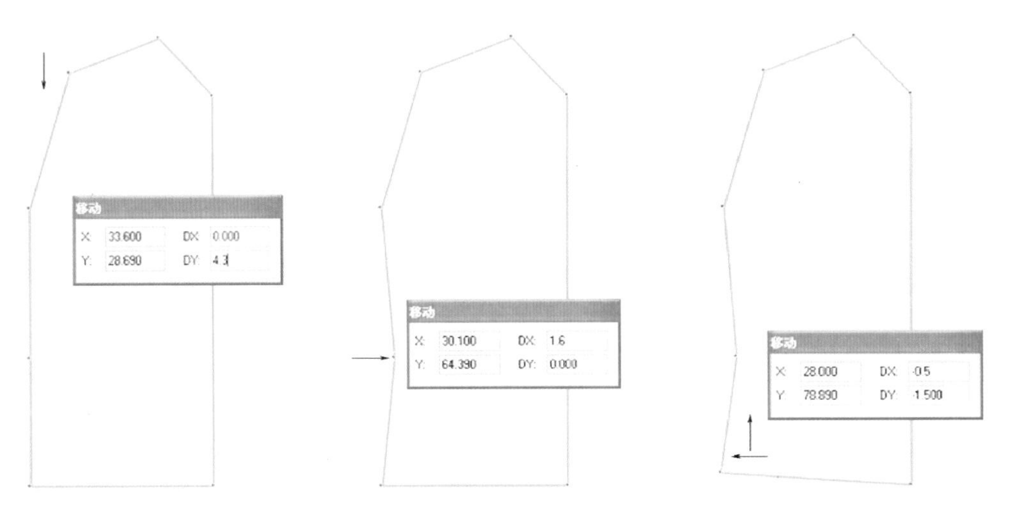

图 2—87　移动肩端点　　图 2—88　移动腰围线侧缝端点　　图 2—89　移动摆围线侧缝端点

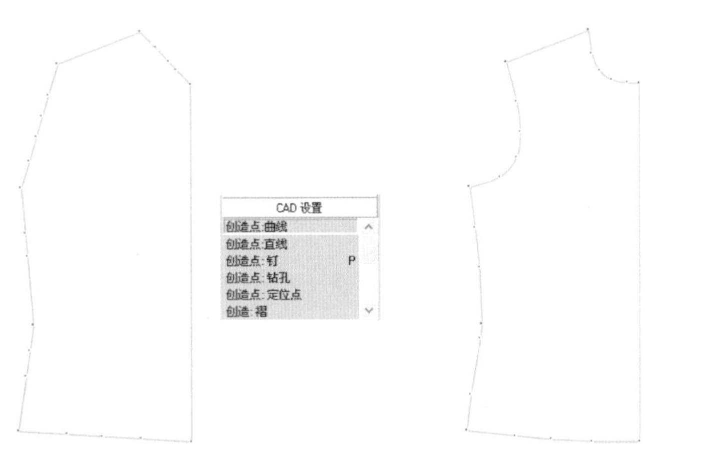

图 2—90　创造曲线点　　图 2—91　调顺相关曲线　　图 2—92　前片样板控制点设置完成图

3. 创造后片样板

（1）在“试穿功能中心”中依次点击“版型”→“创造参数”，打开“创造参数”对话框。

（2）创造后片矩形，宽度为 23cm（其计算方法为胸围/4），高度为 55cm（注：后片比前片短 1cm）。

（3）在“缝合功能中心”中依次点击“角”→“插入点”。

（4）在弹出的对话框中设置后片外部控制点。

①沿逆时针方向在 2.3cm 处插入点——后片直开领端点（见图 2—93）。

②沿顺时针方向在 7.2cm 处插入点——后片横开领端点（见图 2—94）。

③沿顺时针方向在 12.5cm 处插入点——后片肩端点（见图 2—95）。

④沿顺时针方向在 23.8cm 处插入点——后片胸围线端点（见图 2—96）。

⑤沿顺时针方向在 16.2cm 处插入点——后片腰围线侧缝端点（见图 2—97）。

⑥后片外部控制点插入完成的效果如图 2－98 所示。

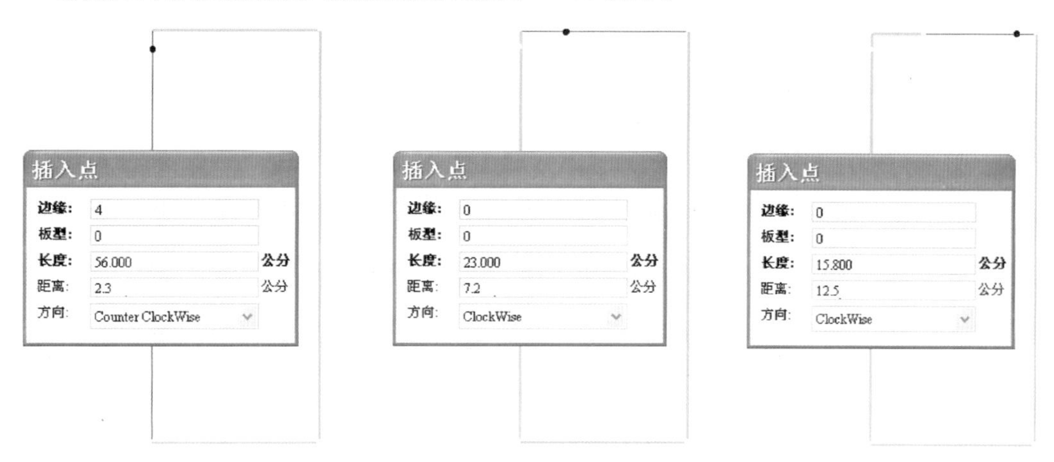

图 2－93　插入后片直开领端点　　图 2－94　插入后片横开领端点　　图 2－95　插入后片肩端点

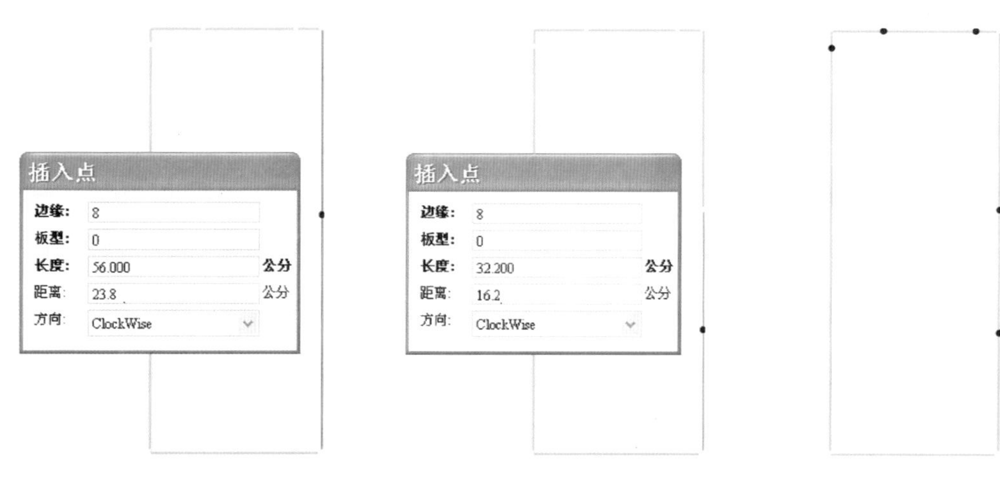

图 2－96　插入后片胸围线端点　　图 2－97　插入后片腰围线侧缝端点　　图 2－98　后片外部控制点设置完成图

（5）在“试穿功能中心”中依次点击“CAD 设置”→“移除点：点”，删除不需要的控制点（见图 2－99、图 2－100）。

（6）在“试穿功能中心”中依次点击“CAD 设置”→“移动点：单一个”，即可进行控制点的移动调整。

①将后片肩端点沿竖直方向下移 3.8cm（见图 2－101）。

②将后片腰围线侧缝端点沿水平方向左移 1.6cm（见图 2－102）。

③将后片摆围线侧缝端点沿竖直方向上移 0.5cm，沿水平方向右移 0.5cm。

（7）在“试穿功能中心”中依次点击“CAD 设置”→“创造点：曲线”，创造曲线点（见图 2－103）。

（8）选择“移动点：单一个”功能，调顺领弧线、袖窿弧线、侧缝线。

（9）完成后片样板的创造（见图 2－104）。

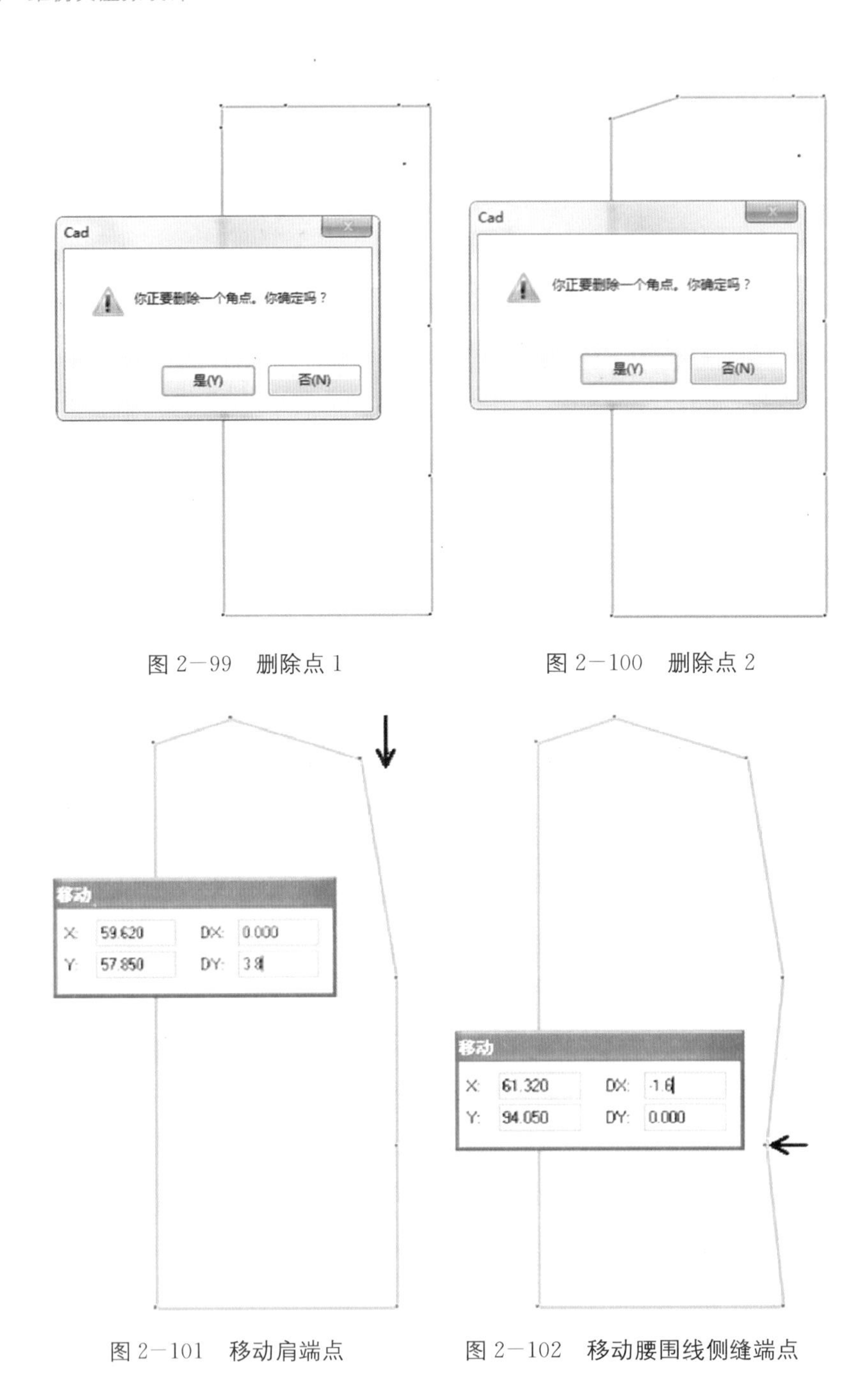

图 2—99　删除点 1

图 2—100　删除点 2

图 2—101　移动肩端点

图 2—102　移动腰围线侧缝端点

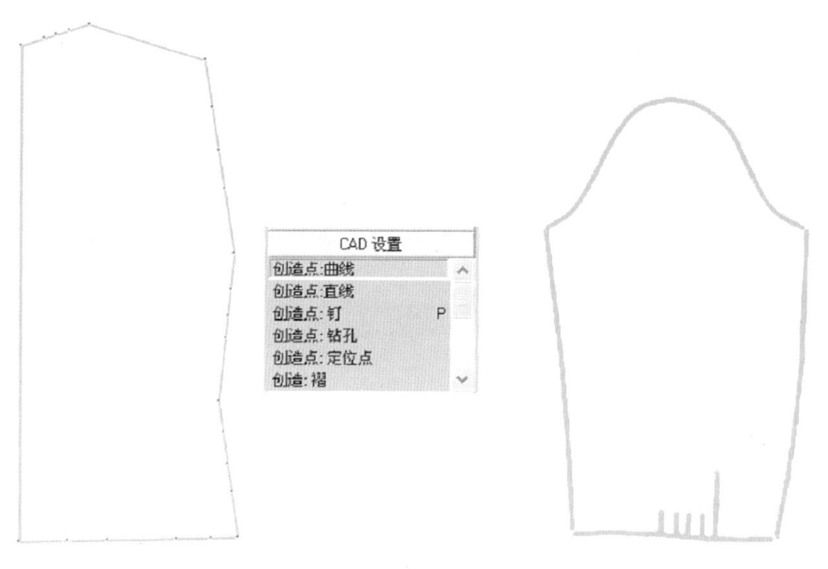

图 2—103　创造曲线点

图 2—104　后片样板控制点设置完成图

4. 创造袖子样板

（1）创造袖片矩形，宽度为 32cm（袖肥），高度为 52cm（袖长 56cm－袖克夫 4cm）（见图 2—105）。

（2）在“缝合功能中心”中依次点击“角”→“插入点”，在弹出的对话框中设置袖子外部控制点。

①沿顺时针方向在 15cm 处插入点——袖山顶点（见图 2—106）。

②沿逆时针方向在 15.5cm 处插入点——袖肥左端点（见图 2—107）。

③沿顺时针方向在 15.5cm 处插入点——袖肥右端点（见图 2—108）。

（3）在“试穿功能中心”中依次点击“CAD 设置”→“移除点：点”，删除不需要的控制点（见图 2—109）。

（4）在“试穿功能中心”中依次点击“CAD 设置”→“移动点：单一个”，进行控制点的移动调整。

①将袖口左端点沿水平方向右移 3.5cm（见图 2—110）。

②将袖口右端点沿水平方向左移 3.5cm，沿竖直方向下移 0.5cm（见图 2—111）。

（5）在“试穿功能中心”中依次点击“CAD 设置”→“创造点：曲线”，创造曲线点（见图 2—112）。

（6）选择“移动点：单一个”功能，调顺袖山弧线、袖侧缝线（见图 2—113）。

（7）完成袖子样板的创造（见图 2—114）。

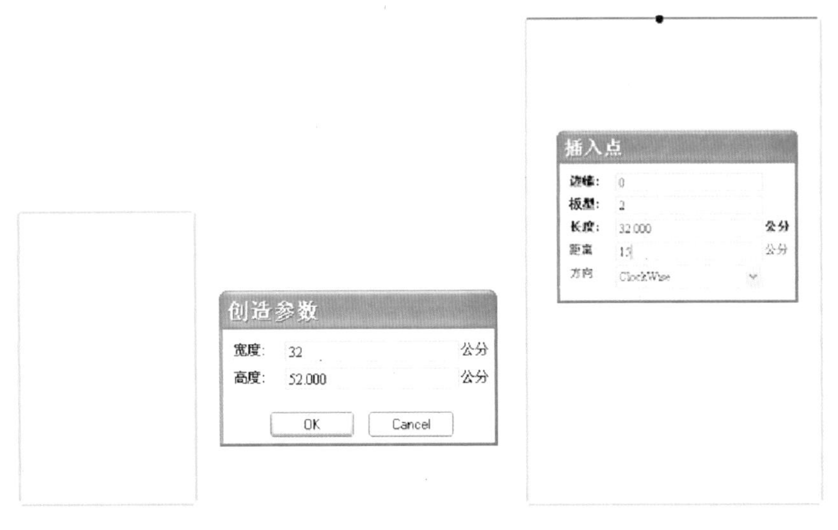

图 2－105　创造袖片矩形　　　　图 2－106　插入袖山顶点

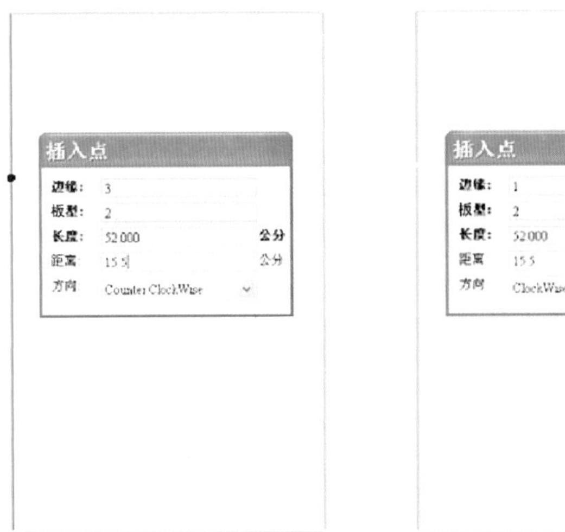

图 2－107　插入袖肥左端点

图 2－108　插入袖肥右端点

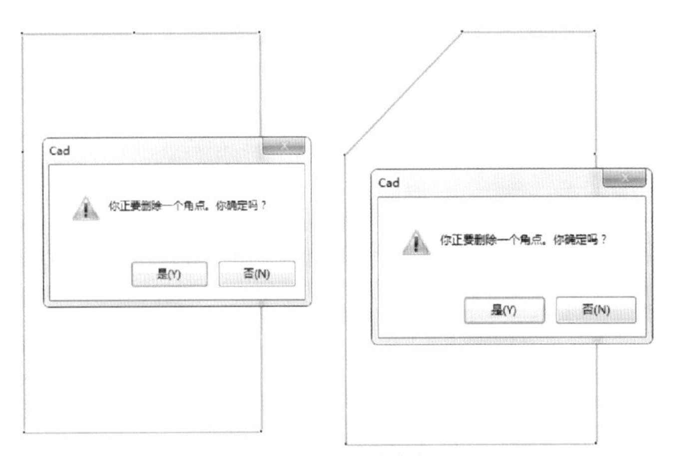

图 2－109　删除点

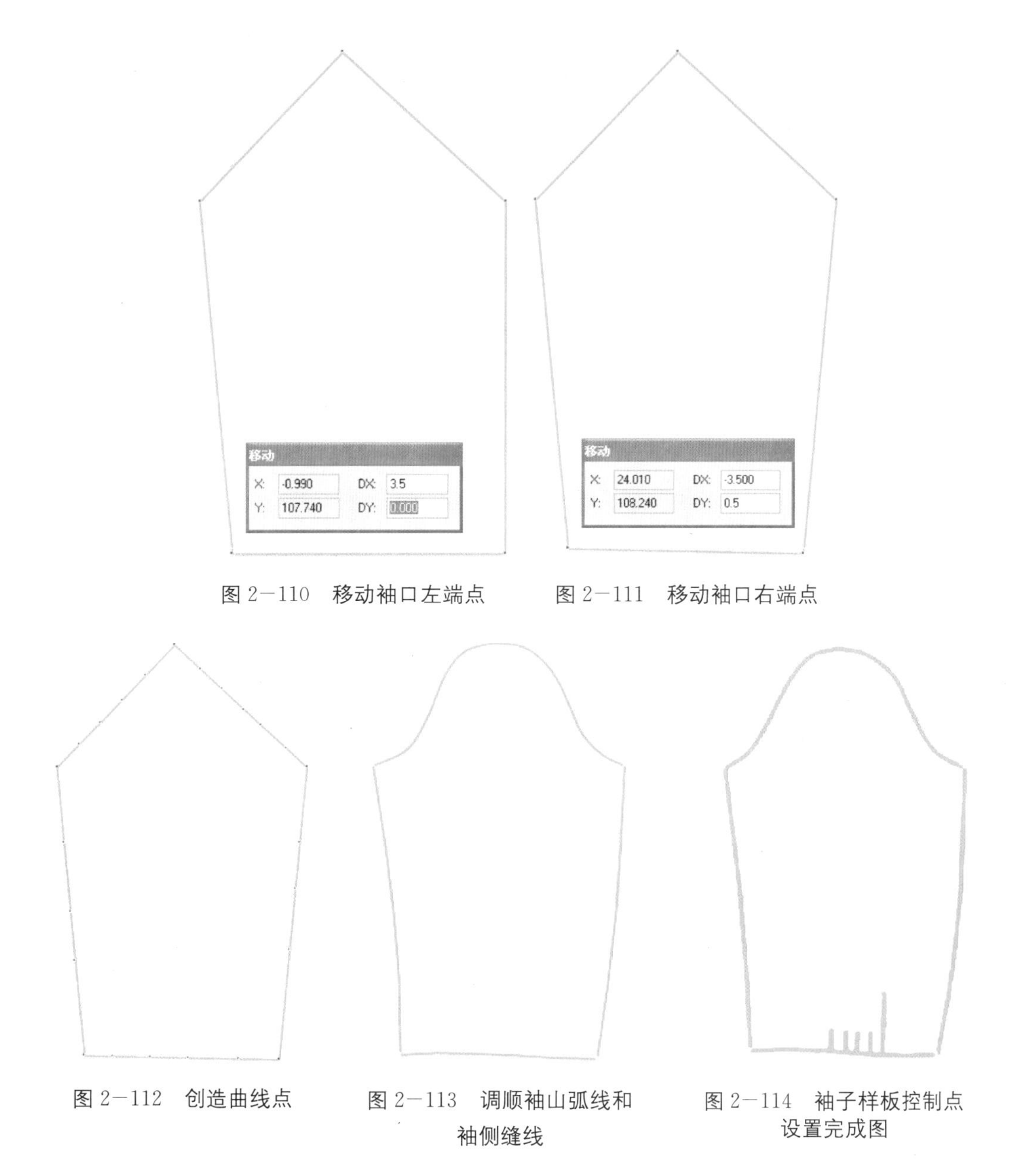

图 2—110　移动袖口左端点

图 2—111　移动袖口右端点

图 2—112　创造曲线点

图 2—113　调顺袖山弧线和袖侧缝线

图 2—114　袖子样板控制点设置完成图

5. 创造袖克夫样板

在“试穿功能中心”依次点击“版型”→“创造参数”，打开“创造参数”对话框，设置高度为 8cm，宽度为 5cm，创建袖克夫矩形（见图 2—115）。

图 2－115　袖克夫样板

6. 创造领子样板

（1）在“试穿功能中心”中依次点击“尺标”→“边缘长度”，测量前片和后片领弧线长度（见图 2－116）。

（2）参照前面的操作步骤和方法创造领子样板（见图 2－117）。

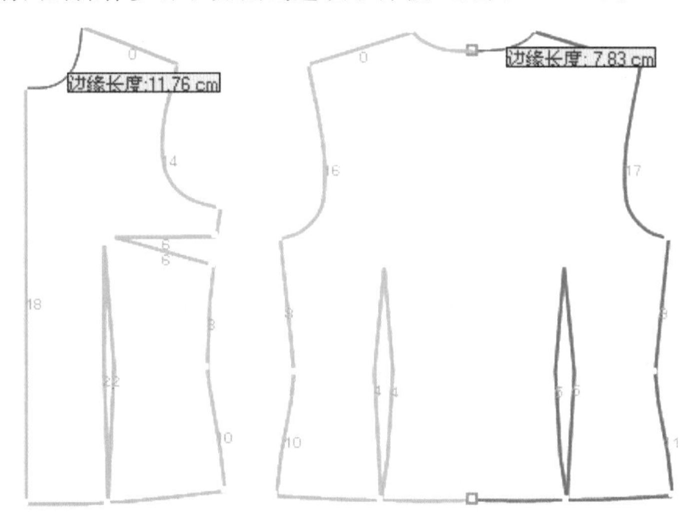

图 2－116　测量前片和后片领弧线长度

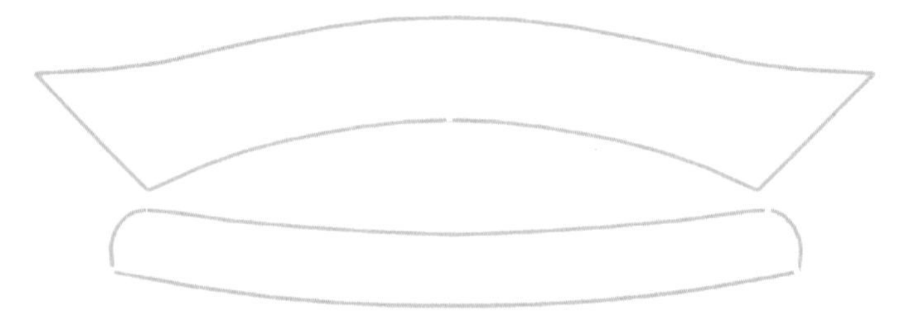

图 2－117　领子样板

女式衬衫款式介绍和样板导入

四、三维仿真试衣

1. 对称复制样板

在“试穿功能中心”中依次点击“对称”→“以 Y 轴对称复制”，对称复制出所需要的样板（见图 2—118、图 2—119）。

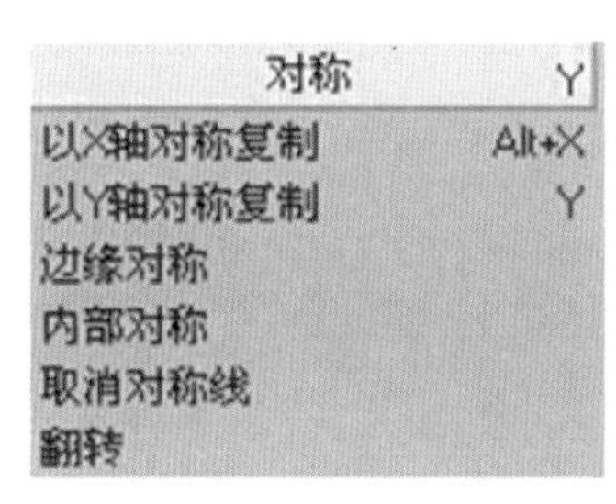

图 2—118　“对称”功能菜单

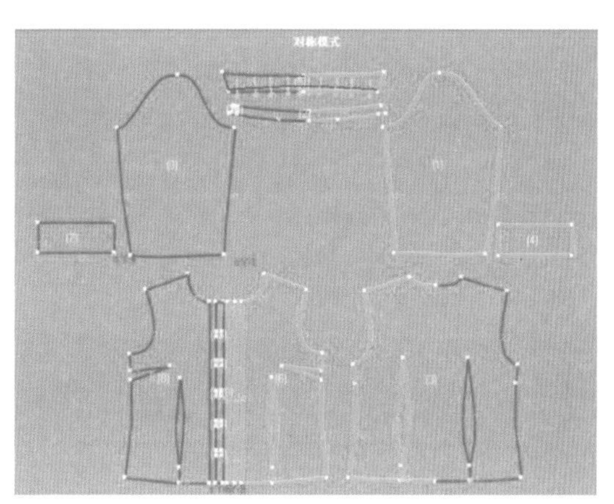

图 2—119　对称复制样板

2. 创造样板群集

（1）在“试穿功能中心”中依次点击“群集”→“创造新群集”，创造样板的群集（见图 2—120）。

（2）调整样板位置，便于创建群集（见图 2—121）。

（3）创建群集（见图 2—122）。

（4）编辑群集。

①设置领子群集（见图 2—123）。

②设置前片群集（见图 2—124）。

③设置后片群集（见图 2—125）。

④设置右袖群集（见图 2—126）。

⑤设置左袖群集（见图 2—127）。

⑥设置右袖克夫群集（见图 2—128）。

⑦设置左袖克夫群集（见图 2—129）。

群集
创造新群集　Shift+N
编辑群集　Ctrl+E
删除群集　Ctrl+D
联系板型
分开板型
放置 3D立体

图 2—120　“群集”功能菜单

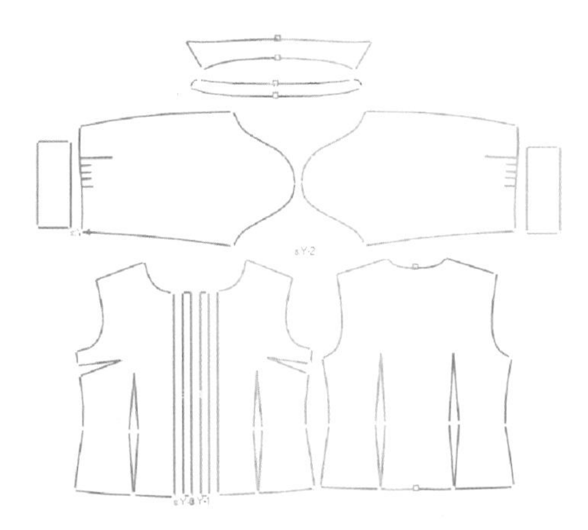

图 2—121　调整样板位置

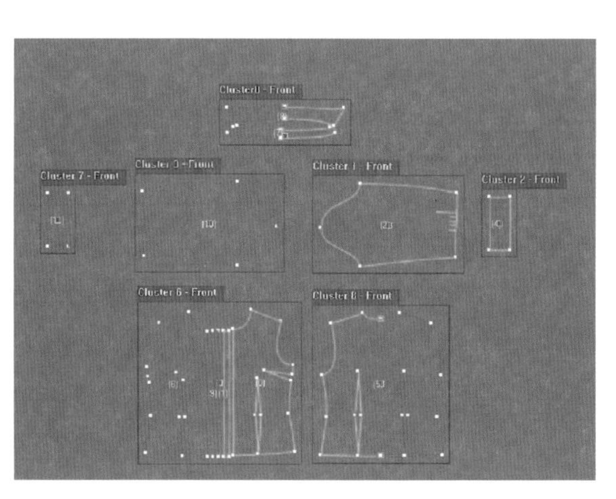

图 2—122　创建群集

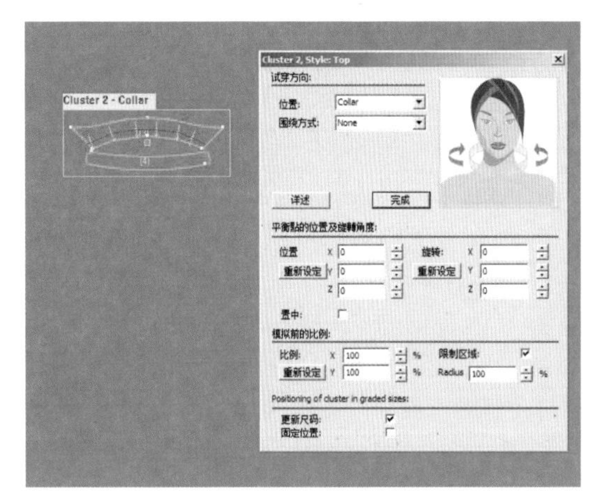

图 2—123　设置领子群集

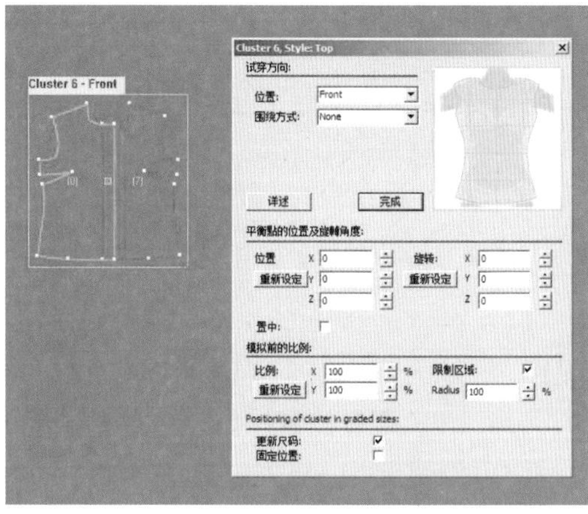

图 2—124　设置前片群集

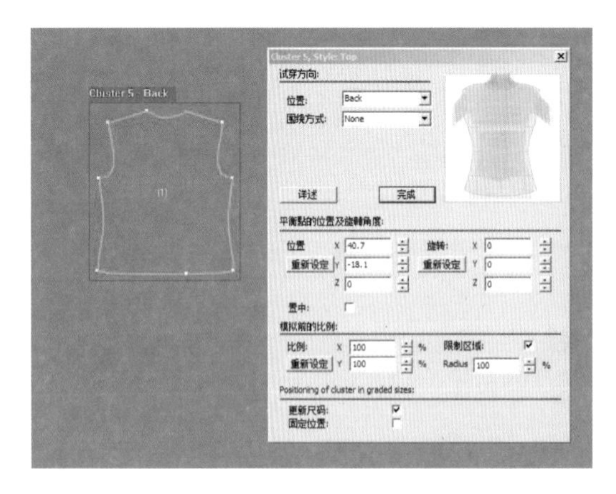

图 2—125　设置后片群集

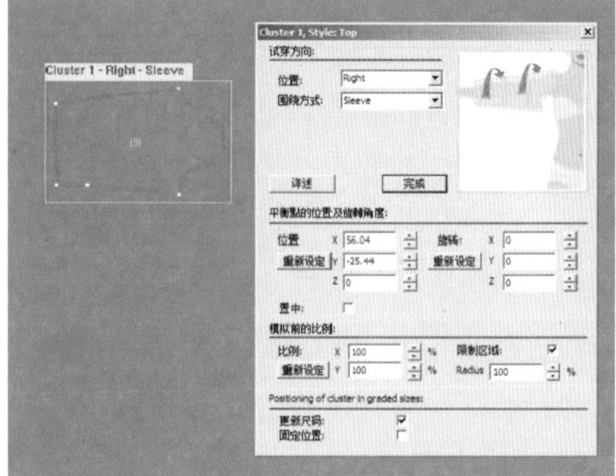

图 2—126　设置右袖群集

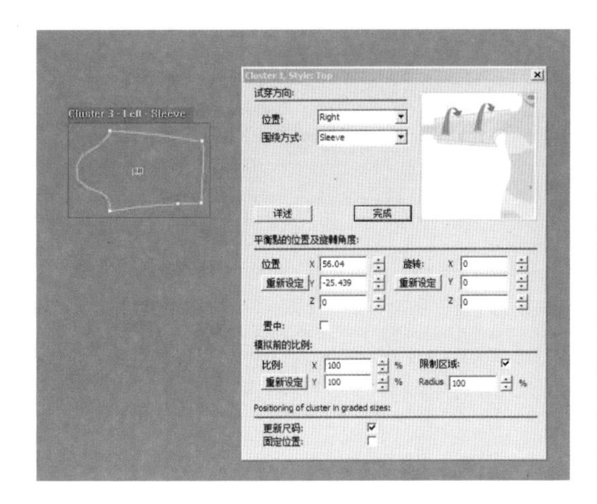

图 2—127　设置左袖群集

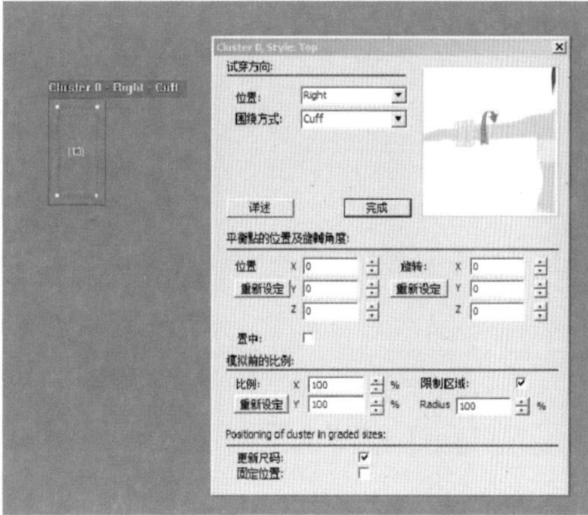

图 2—128　设置右袖克夫群集

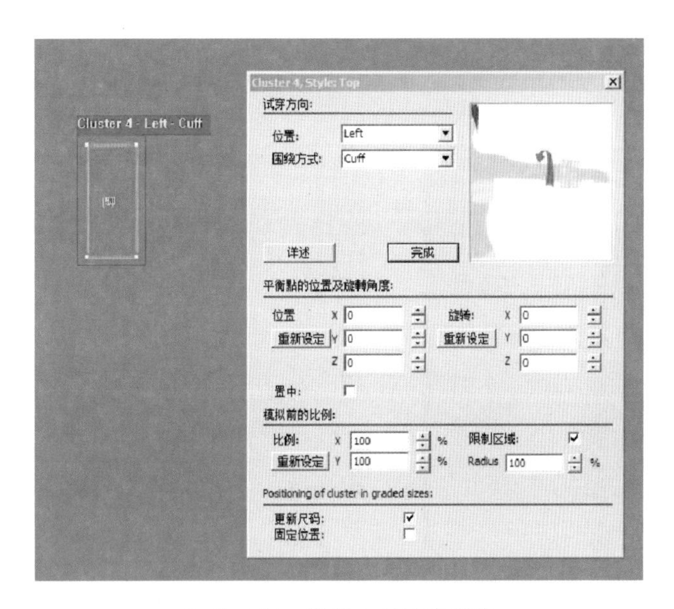

图 2—129　设置左袖克夫群集

3. 缝合样板

（1）在“缝合功能中心”中依次点击“车缝”→“普通车缝”（见图 2—130）。

（2）设置缝合线（见图 2—131）。

（3）在“缝合功能中心”中依次点击“接缝”→“新的”（见图 2—132）。

（4）设置接缝（见图 2—133）。

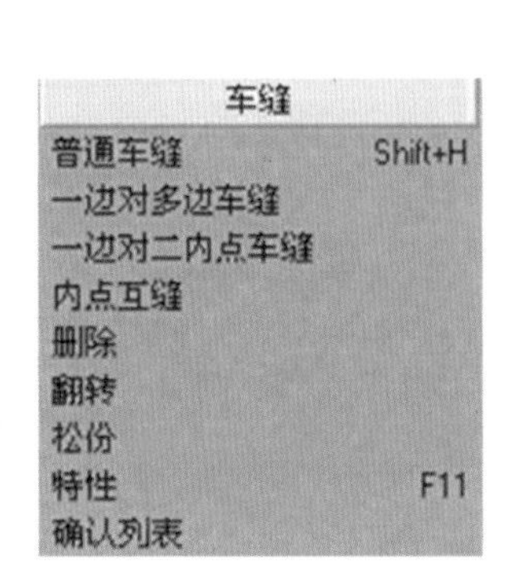

图 2—130 “车缝”功能菜单

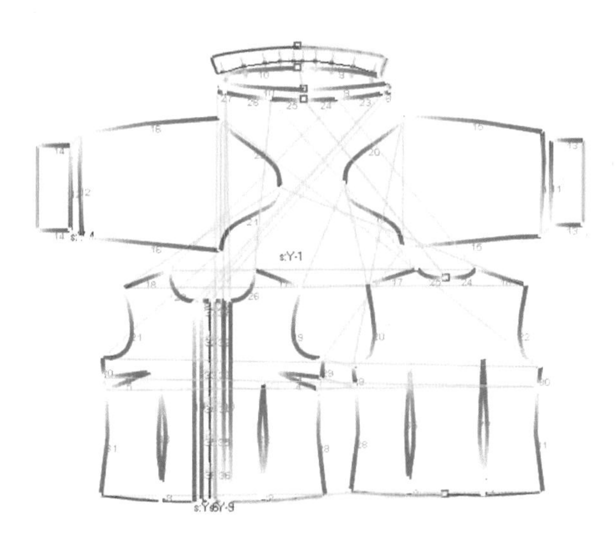

图 2—131 设置缝合线

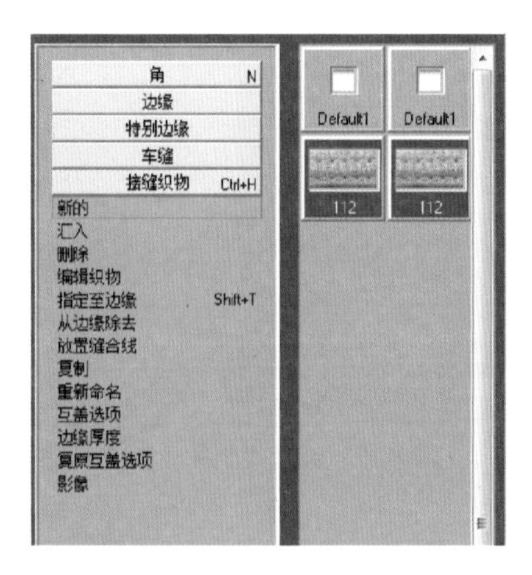

图 2—132 “接缝”功能菜单

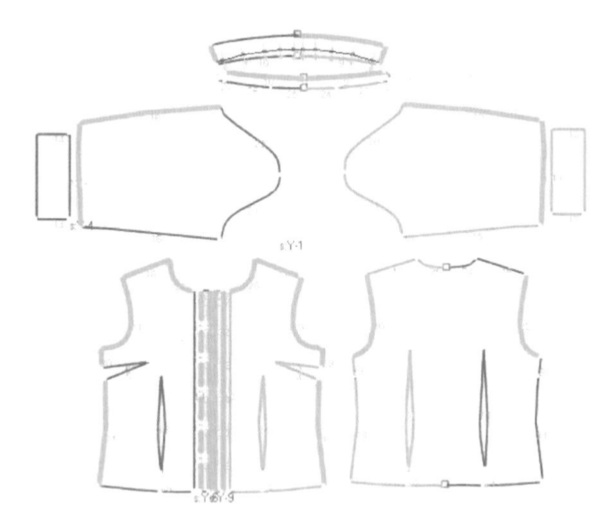

图 2—133 设置接缝

4. 将布料与附件植入样板

（1）在“布料功能中心”中依次点击“布料”→“新的”，植入新的布料（见图 2—134）。

（2）生成将布料植入样板后的效果（见图 2—135）。

（3）在“附件功能中心”中依次点击“附件”→“新的”，植入新的附件（见图 2—136）。

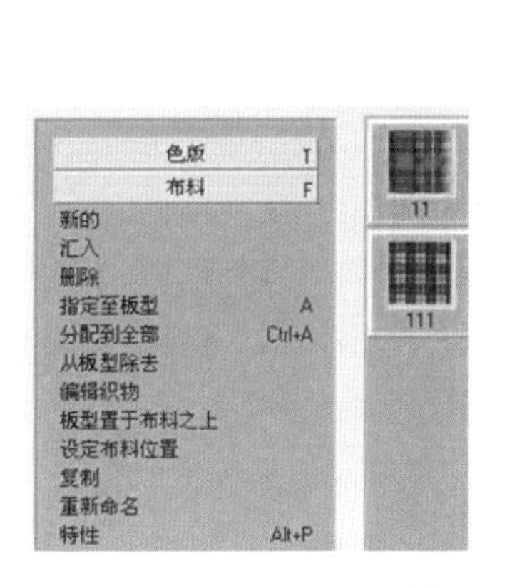

图 2－134　植入新的布料

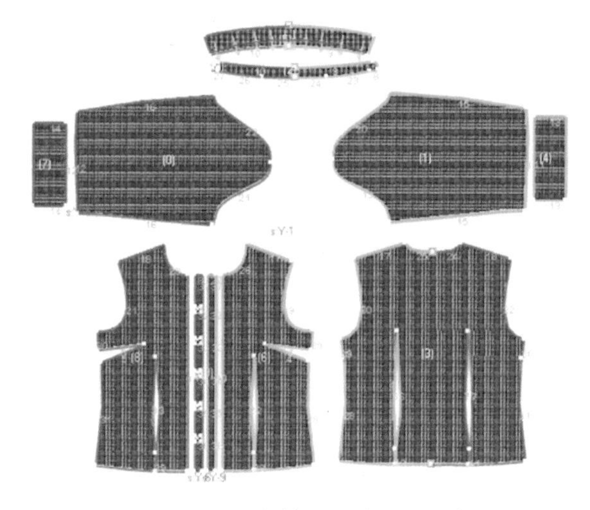

图 2－135　将布料植入样板后的效果

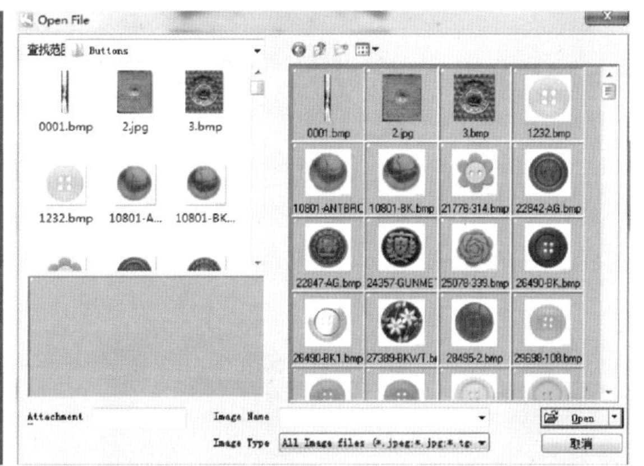

图 2－136　植入新的附件

5. 三维仿真试衣

在三维仿真试衣工作区的菜单栏中点击“试穿”快捷功能键，开始三维仿真试衣（见图 2－137～图 2－145）。

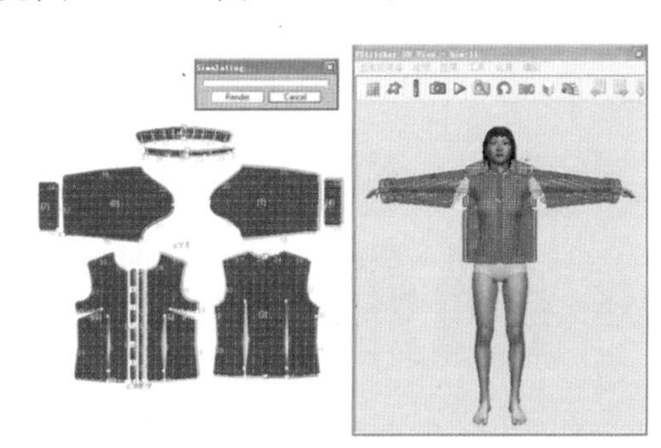

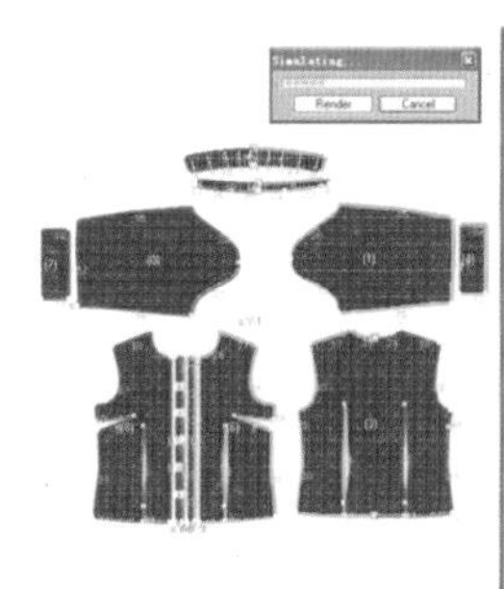

图 2－137　三维仿真试衣步骤 1

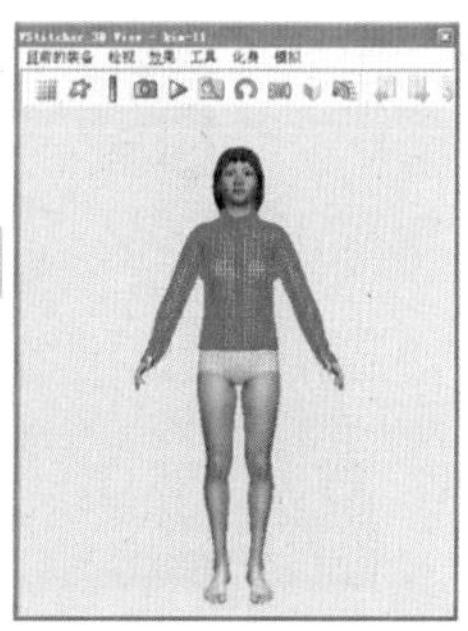

图 2－138　三维仿真试衣步骤 2

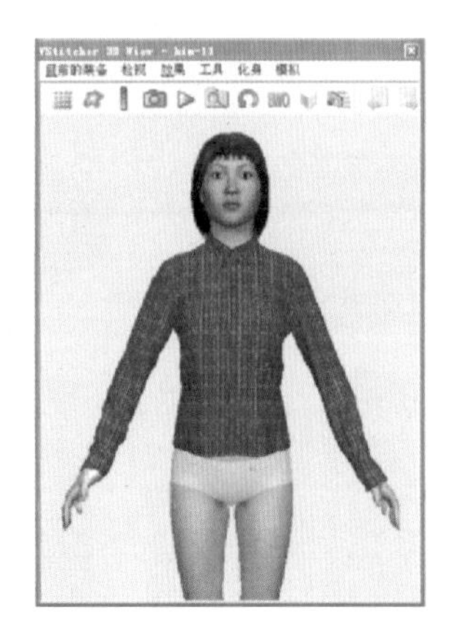

图 2-139　三维仿真试衣步骤 3

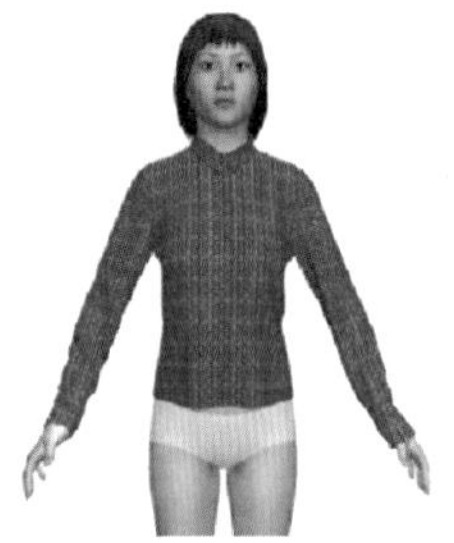

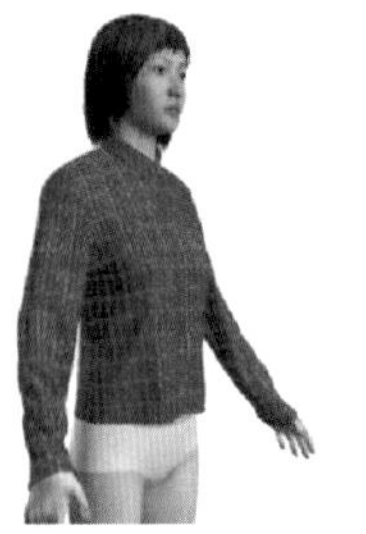

图 2-140　不同角度的试衣效果 1

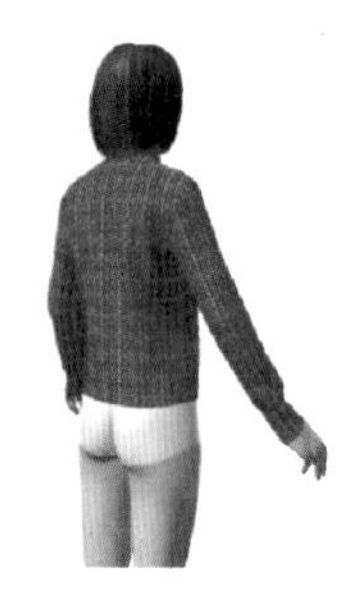

图 2-141　不同角度的试衣效果 2

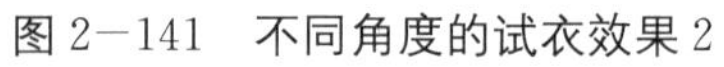

图 2-142　不同角度的试衣效果 3

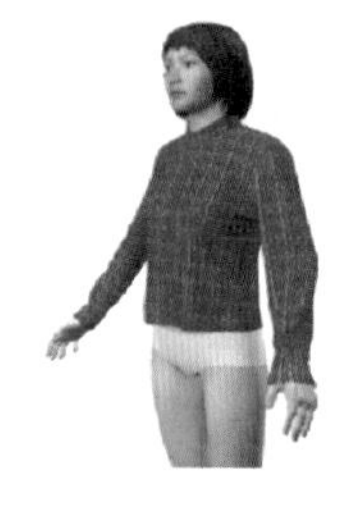

图 2-143　不同角度的试衣效果 4

图 2-144　局部放大图

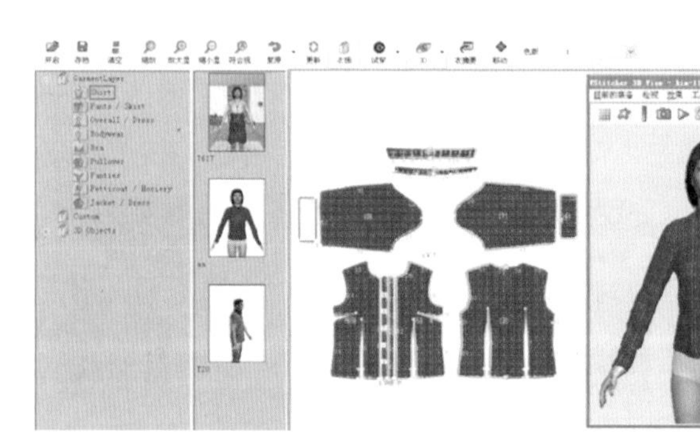

图 2-145　三维仿真试衣效果全图

女式衬衫样板修正

女式衬衫三维仿真试衣

以上两节分别介绍了用导入二维服装 CAD 样板和直接创造二维服装 CAD 样板的方法进行三维仿真试衣的操作过程。设计师只要掌握了这两种操作方法就可以举一反三，掌握其他款式服装的三维仿真试衣方法。

第三节　女上装

本节主要讲解如何用服装 VSD 软件制作女上装 CAD 样板，并进行三维仿真试衣。

1. 汇入 DXF 样板文档

在菜单栏依次点击“档案”→“汇入”→“DXF Exchange”，找到并汇入女上装 DXF 样板文档。

2. 编辑服装分类信息

方法同前，此处不再赘述。

3. 处理汇入的样板

(1) 在“试穿功能中心”中依次点击“版型”→“展开版型”，使样板平铺展开(见图 2—146)。

(2) 在“试穿功能中心”中依次点击“版型”→“旋转”，调整样板的角度（见图 2—147)。

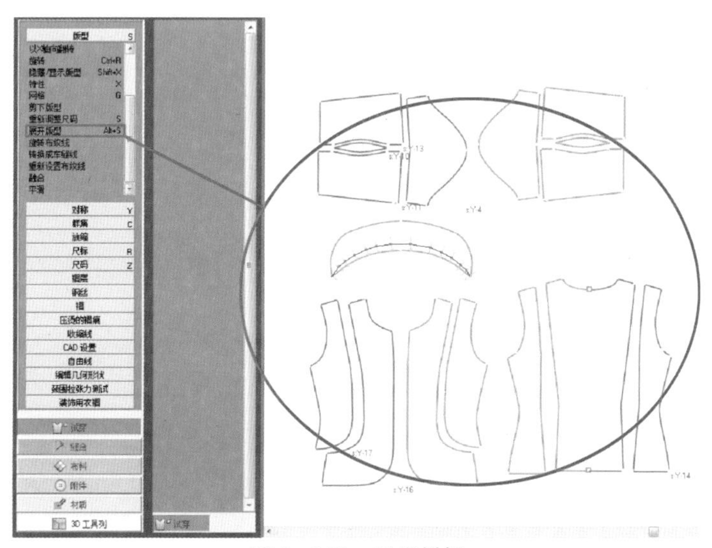

图 2—146　展开样板

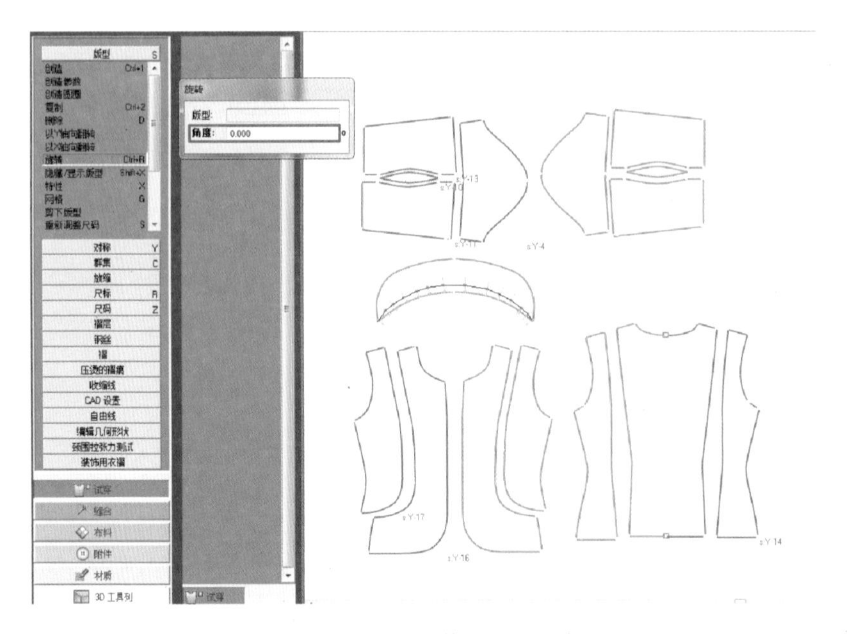

图 2—147　调整样板的角度

4. 进入对称模式

在“试穿功能中心”中点击“对称”，使需要的样板对称（见图 2—148）。

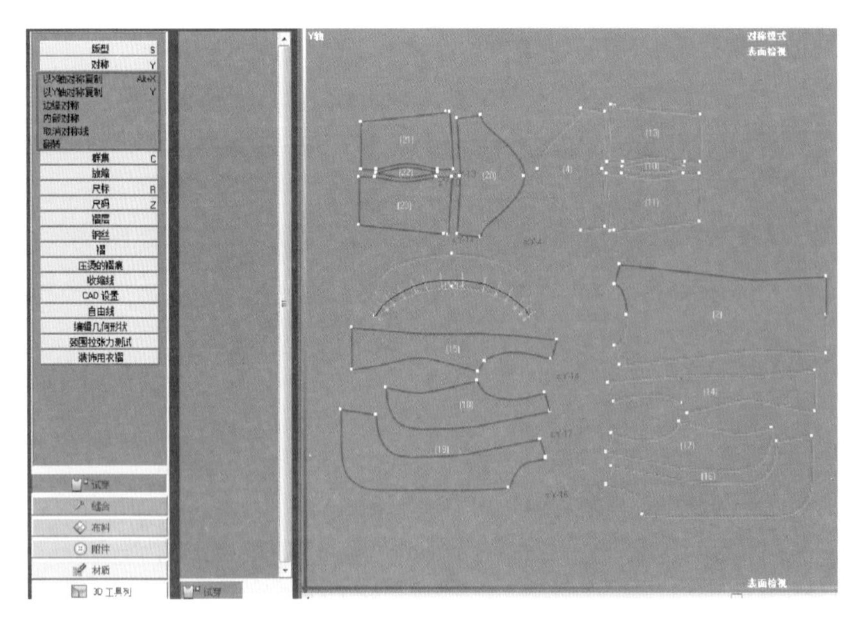

图 2—148　使需要的样板对称

5. 新建和编辑群集

（1）创造新群集（见图 2—149）。

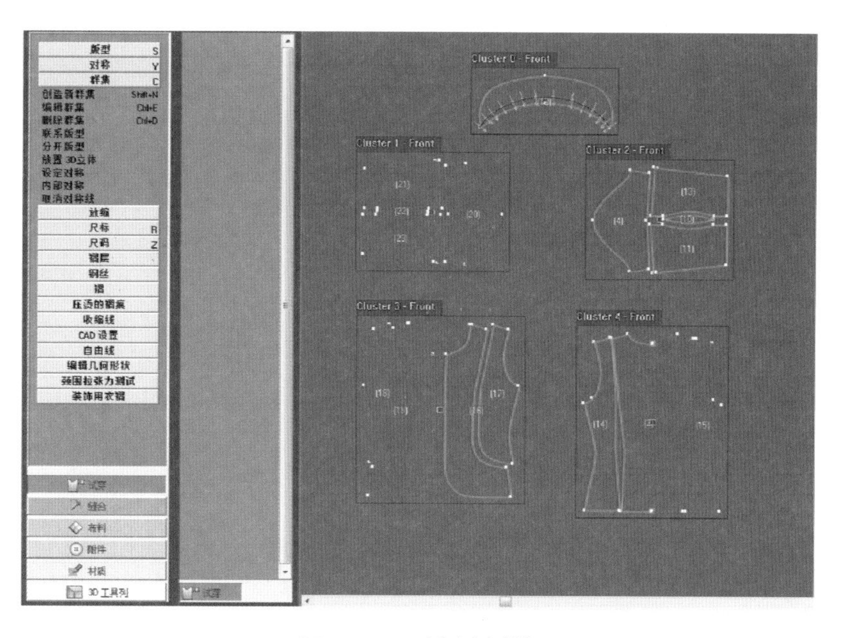

图 2－149　创造新群集

(2) 编辑群集。

①设置领子群集（见图 2－150）。

②设置前片群集（见图 2－151）。

③设置后片群集（见图 2－152）。

④设置左袖群集（见图 2－153）。

⑤设置右袖群集（见图 2－154）。

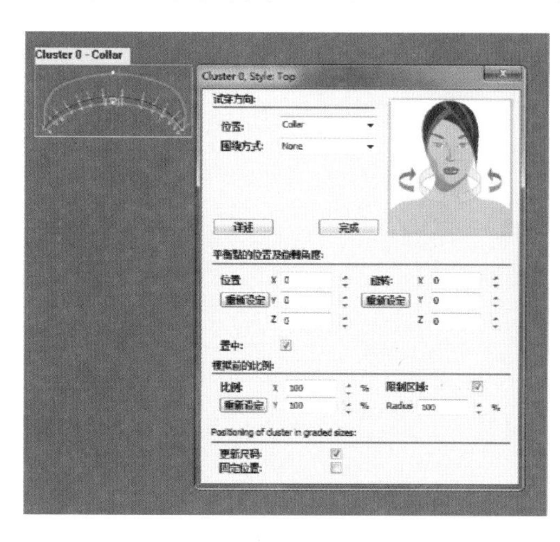

图 2－150　设置领子群集

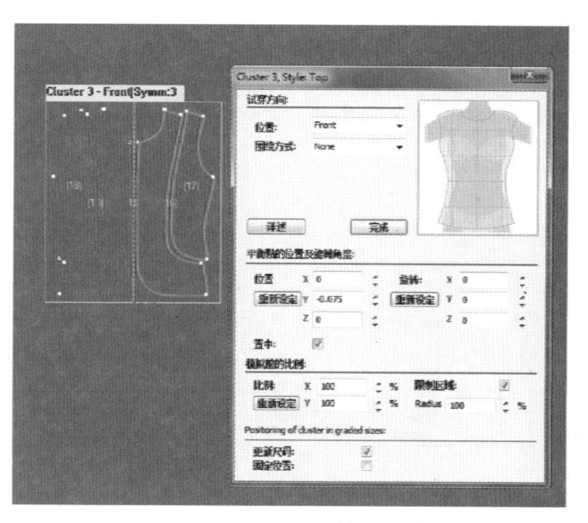

图 2－151　设置前片群集

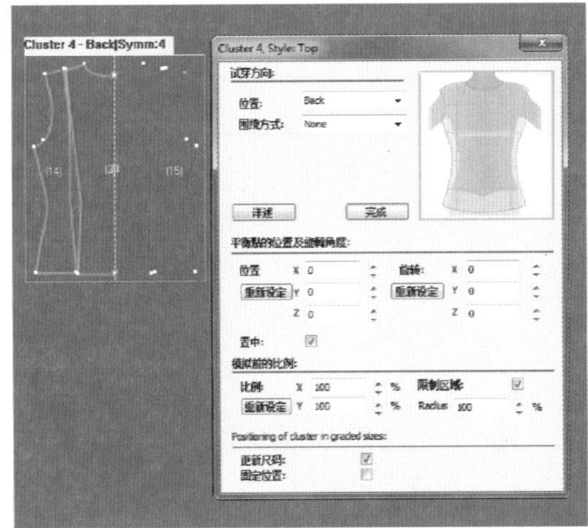
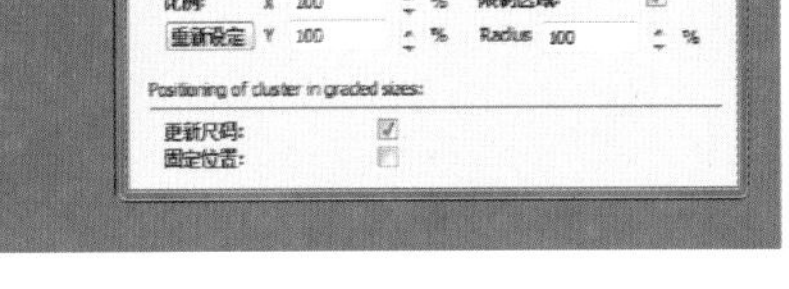

图 2—152 设置后片群集

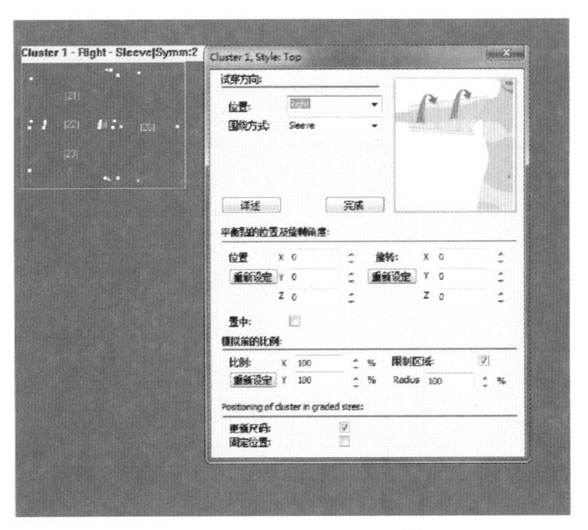

图 2—153 设置左袖群集

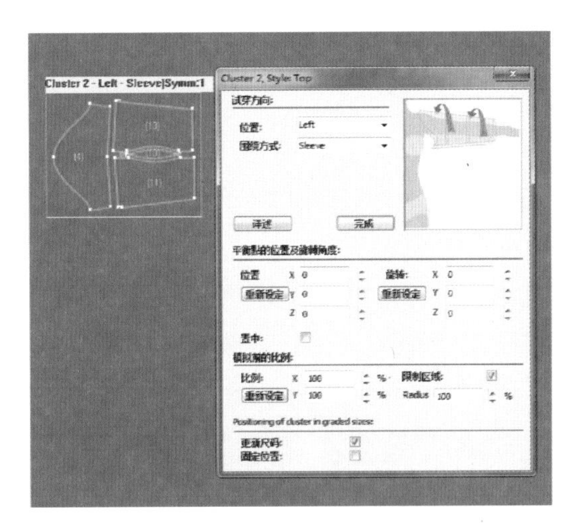

图 2—154 设置右袖群集

6. 添加褶层

在“试穿功能中心”中依次点击“褶层”→“创造”→“转化方向向下一移动记号”，为样板添加褶层（见图 2—155）。

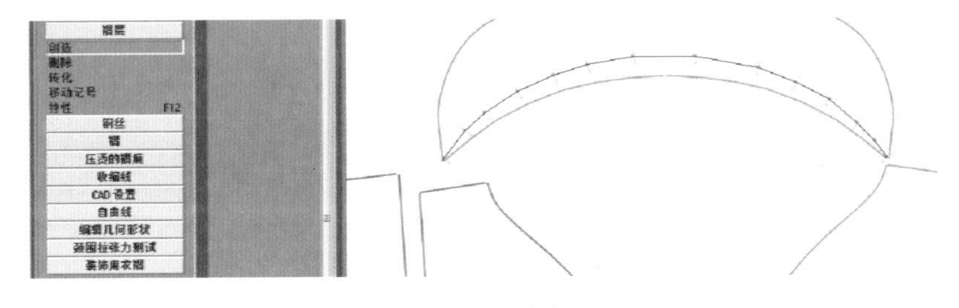

图 2—155 添加褶层

7. 车缝

采用普通车缝进行单边对单边缝合（见图 2—156）。缝合完成的效果如图 2—157 所示，黄色的线代表缝合线。

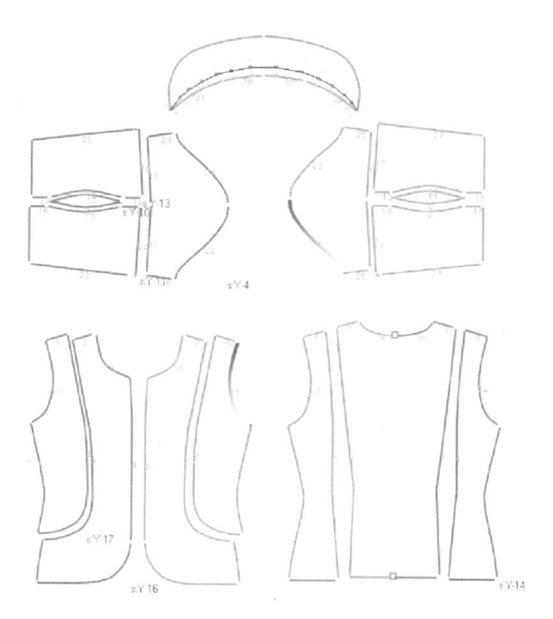

图 2—156　单边对单边缝合

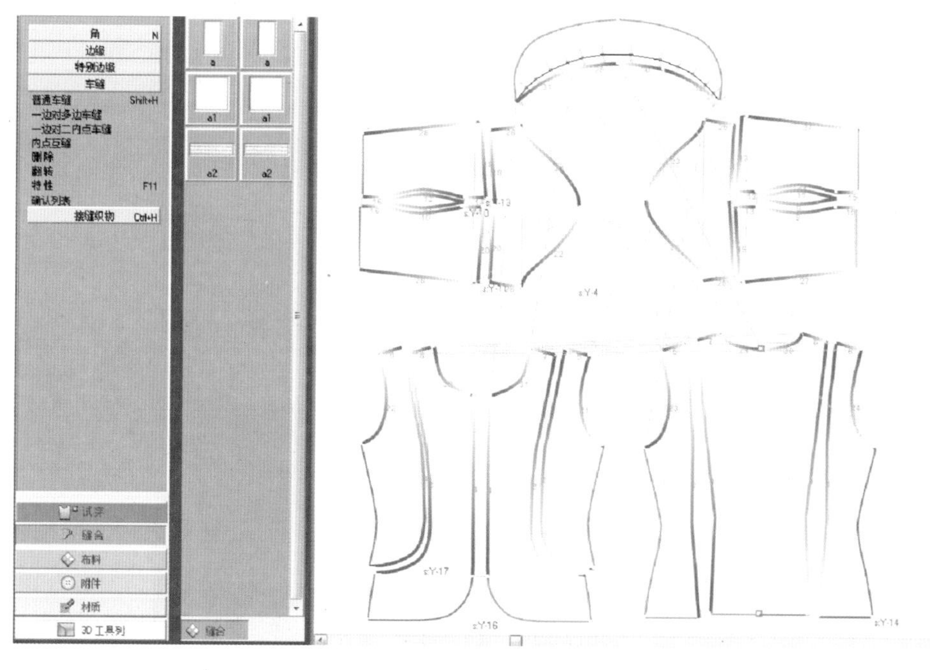

图 2—157　缝合完成的效果

8. 将布料植入样板

(1) 选择色版。

(2) 选择布料。

①选择布料的物理性质（见图 2-158）。

②放置布料至样板之中（见图 2-159）。

③接缝织物（见图 2-160）。

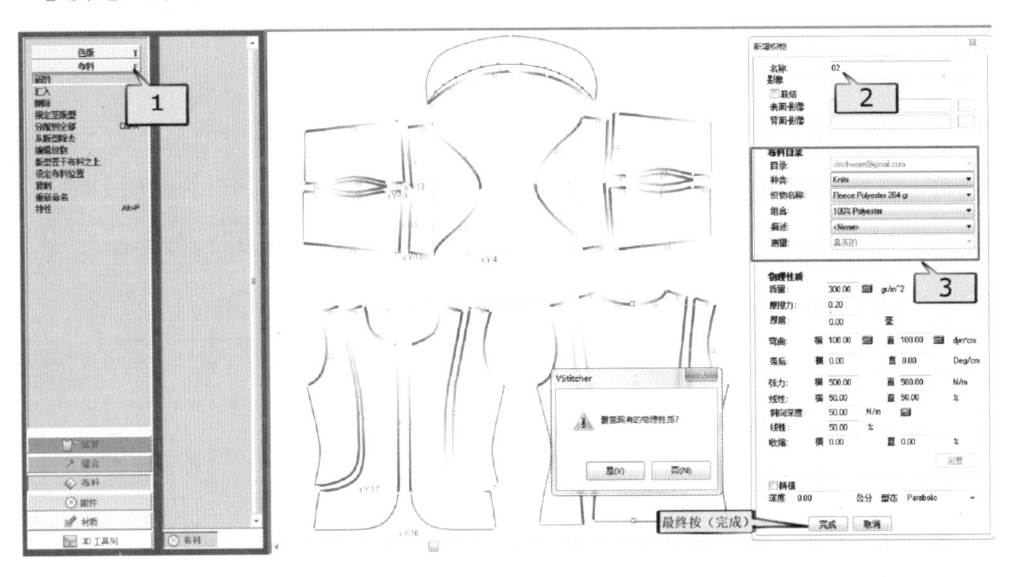

图 2-158 选择布料的物理性质

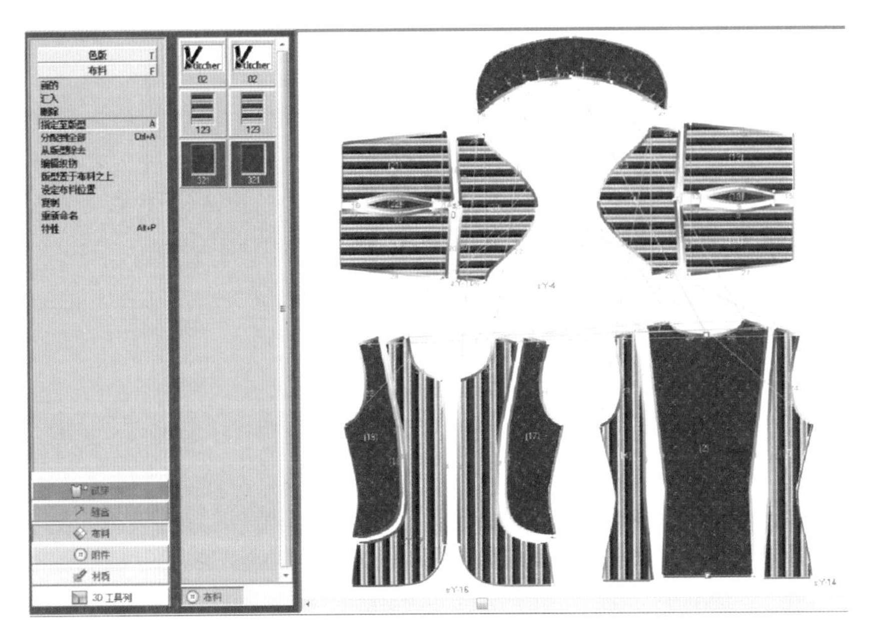

图 2-159 放置布料至样板之中

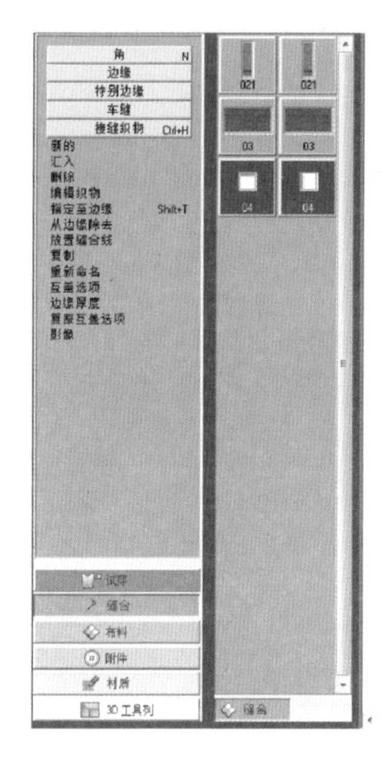

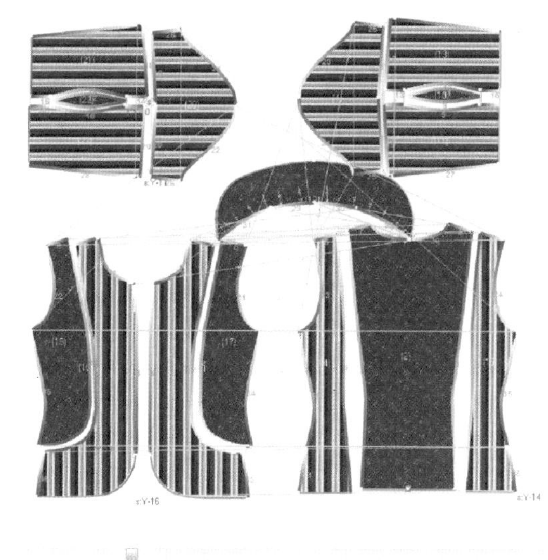

图 2—160　接缝织物

9. 三维仿真试衣

分配好布料后，就可以进行三维仿真试衣。

（1）点击快捷功能图标栏中的“试穿”键，打开三维仿真试衣工作区（见图 2—161）。

（2）在三维仿真试衣工作区中点击“试衣”按键，即可看到模拟试穿的效果（见图 2—162 和图 2—163）。

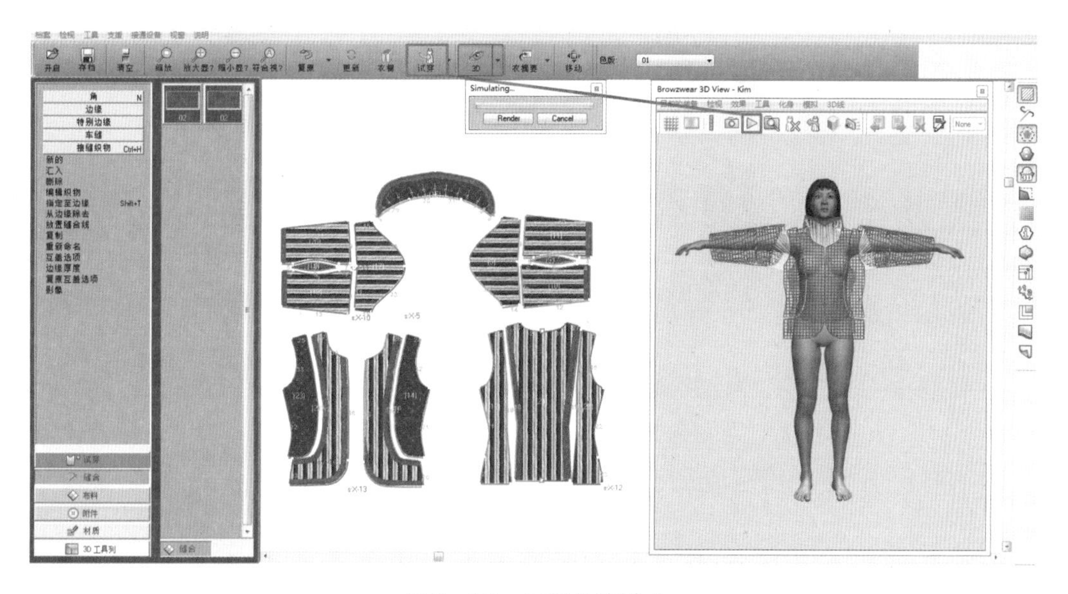

图 2—161　三维仿真试衣

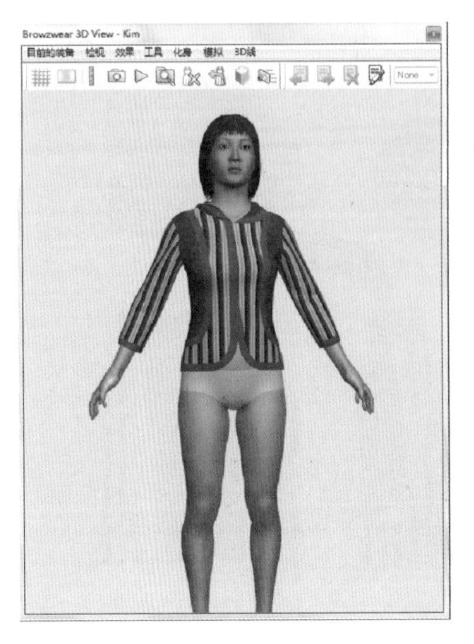

图 2－162　有三维人体模型的试衣效果

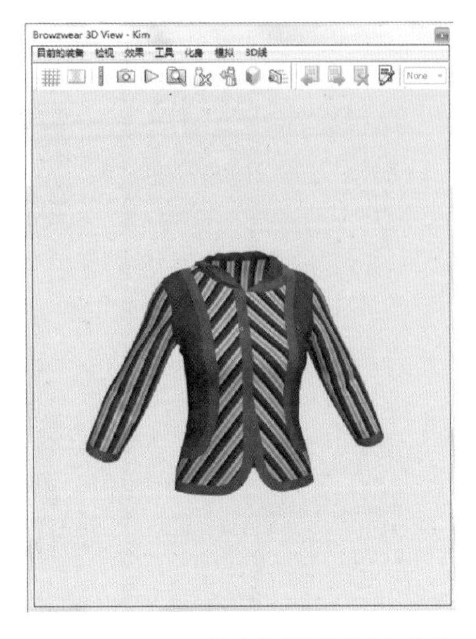

图 2－163　无三维人体模型的试衣效果

10. 生成衣橱照片

生成衣橱照片，并将其上传到衣服数据库进行分类管理（见图 2－164）。

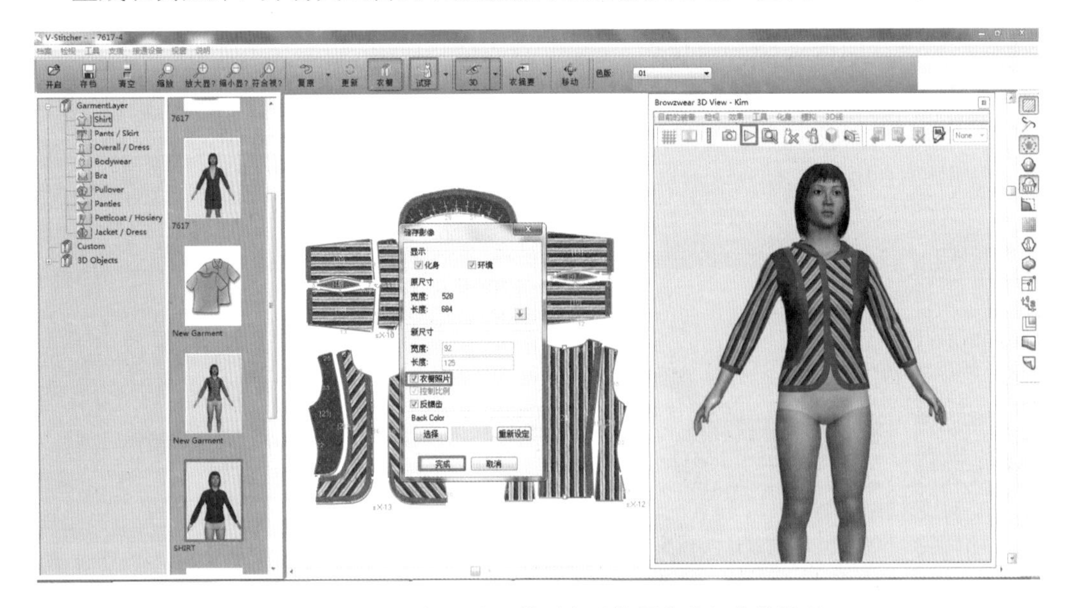

图 2－164　将衣橱照片上传到衣服数据库进行分类管理

第四节　男裤

本节主要介绍如何用服装 VSD 软件制作男西裤 CAD 样板并进行三维仿真试衣。其步骤与上节制作女上装 CAD 样板及进行三维仿真试衣的步骤基本一致。

（1）汇入 DXF 样板文档。

（2）编辑服装分类信息并存档。

（3）进入版型工作中心，处理汇入的二维服装 CAD 样板（见图 2－165）。

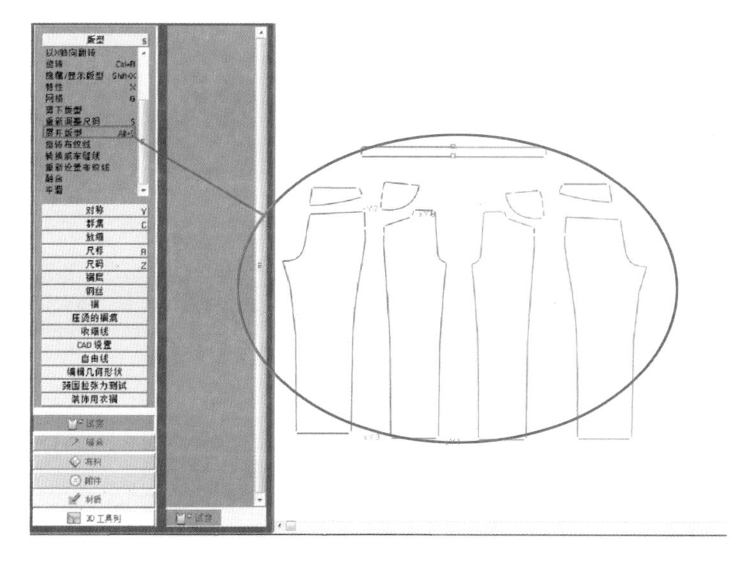

图 2－165　处理汇入的二维服装 CAD 样板

（4）在“试穿功能中心”中点击“对称”（见图 2－166），使需要的样板对称。

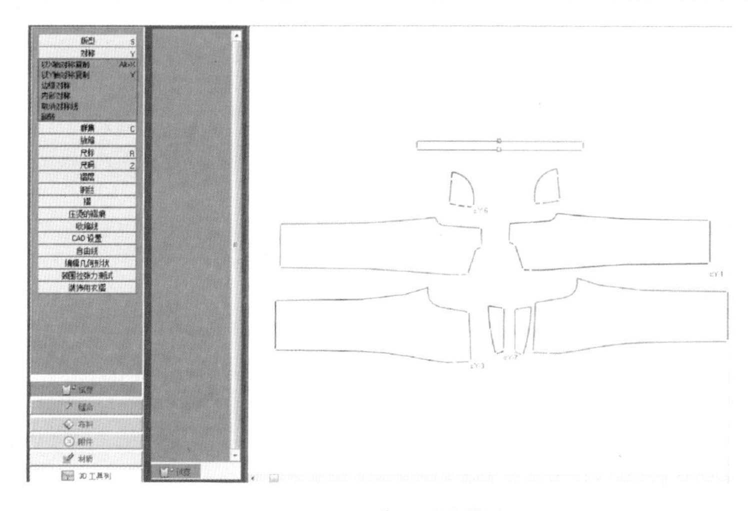

图 2－166　进入对称模式

（5）创造和编辑群集。

①创造新群集（见图 2—167）。

②编辑群集，包括：腰带群集、左裤片群集、右裤片群集、左裤口群集、右裤口群集（见图 2—168～图 2—172）。

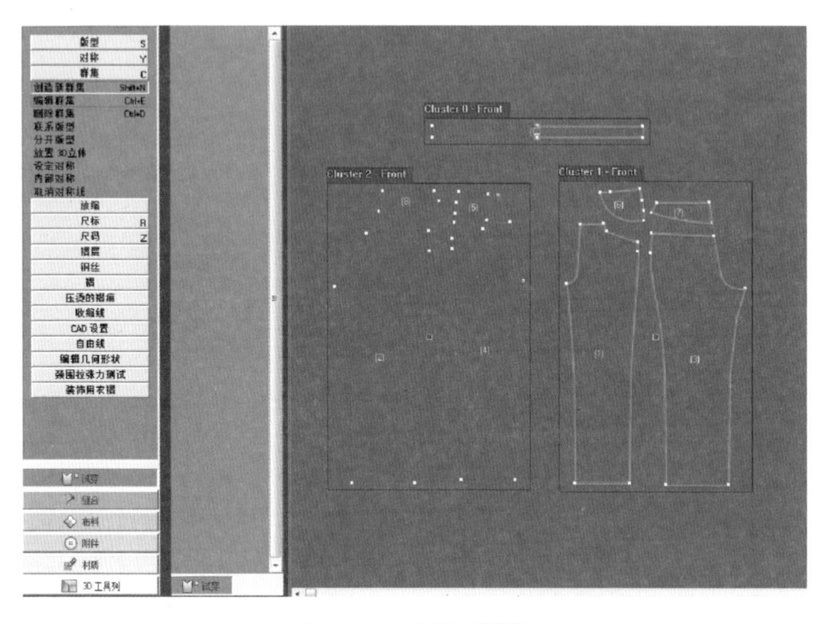

图 2—167　创造新群集

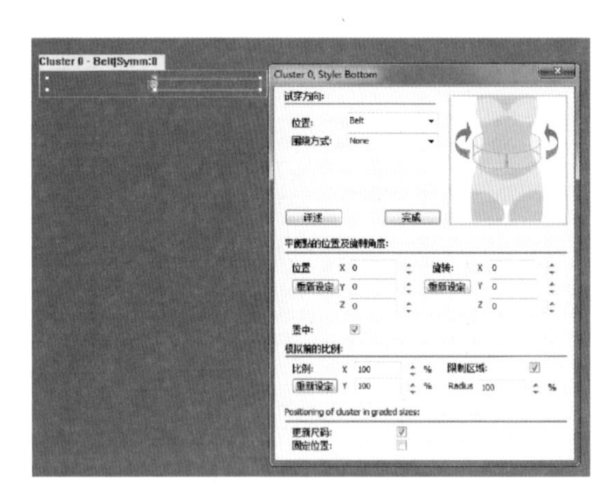

图 2—168　设置腰带群集

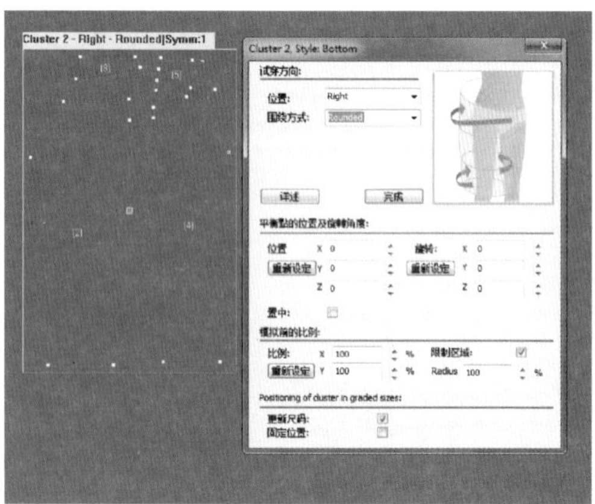

图 2—169　设置左裤片群集

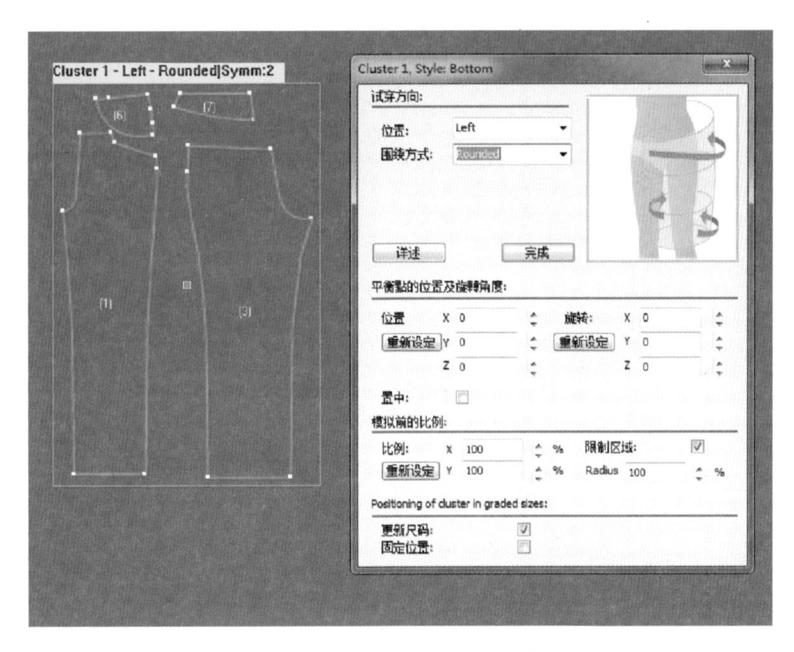

图 2－170　设置右裤片群集

（6）采用普通车缝进行单边对单边缝合（见图 2－171）。缝合完成的效果如图 2－172 所示。

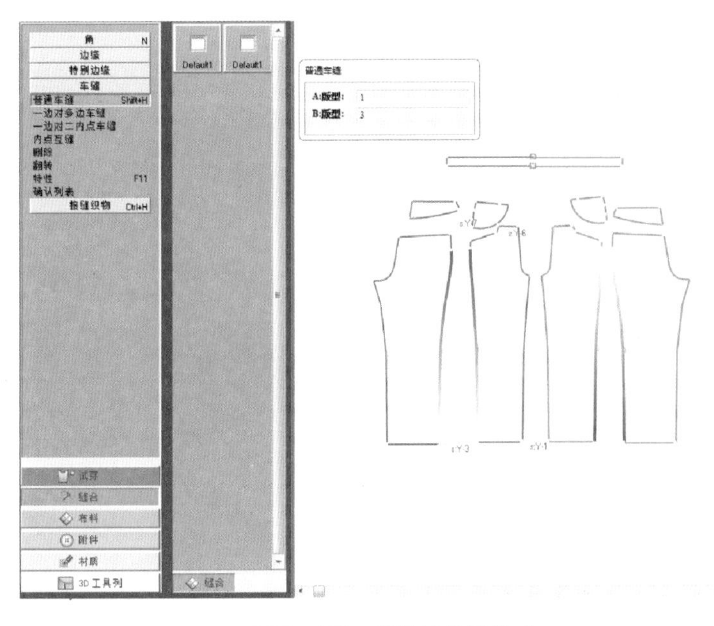

图 2－171　单边对单边缝合

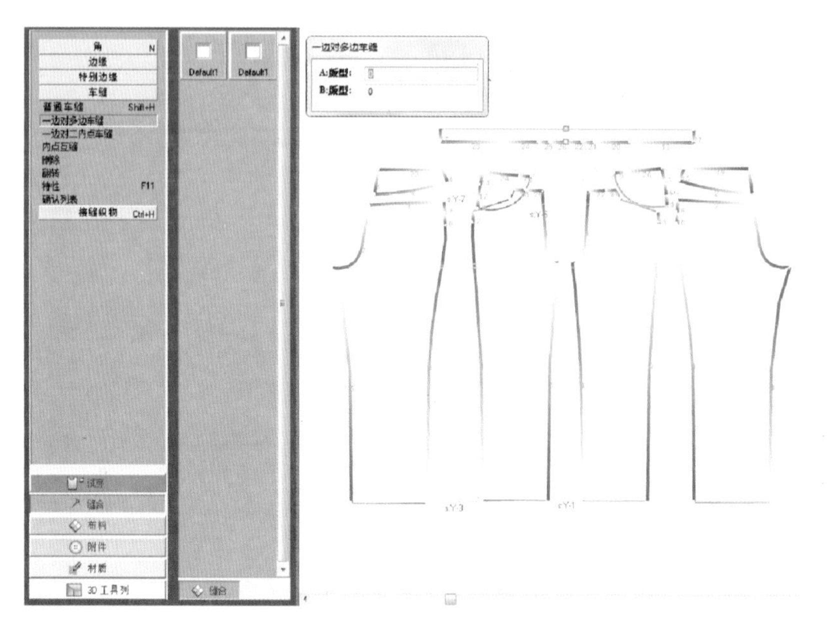

图 2-172　缝合完成的效果

（7）将布料植入样板。

①放置布料至样板之中（见图 2-173）。

②接缝织物（见图 2-174）。

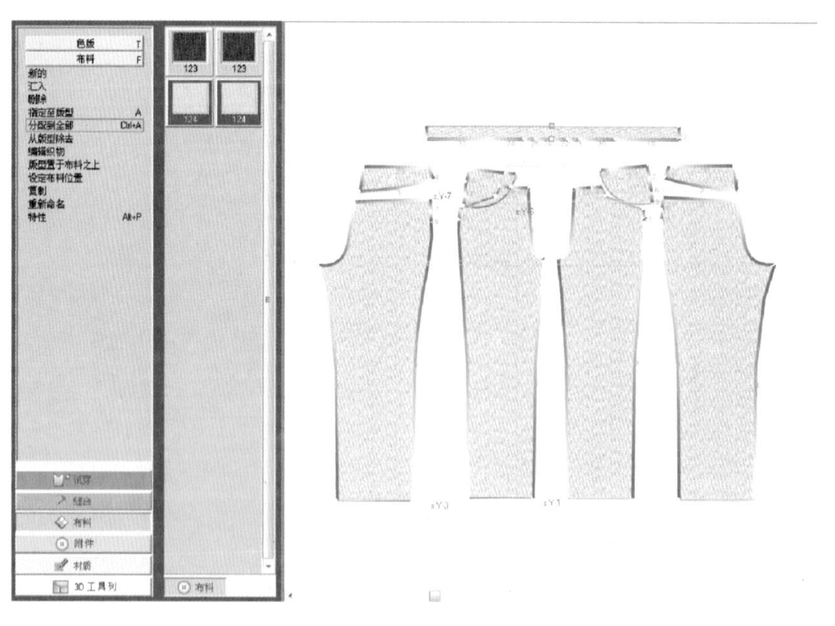

图 2-173　放置布料至样板之中

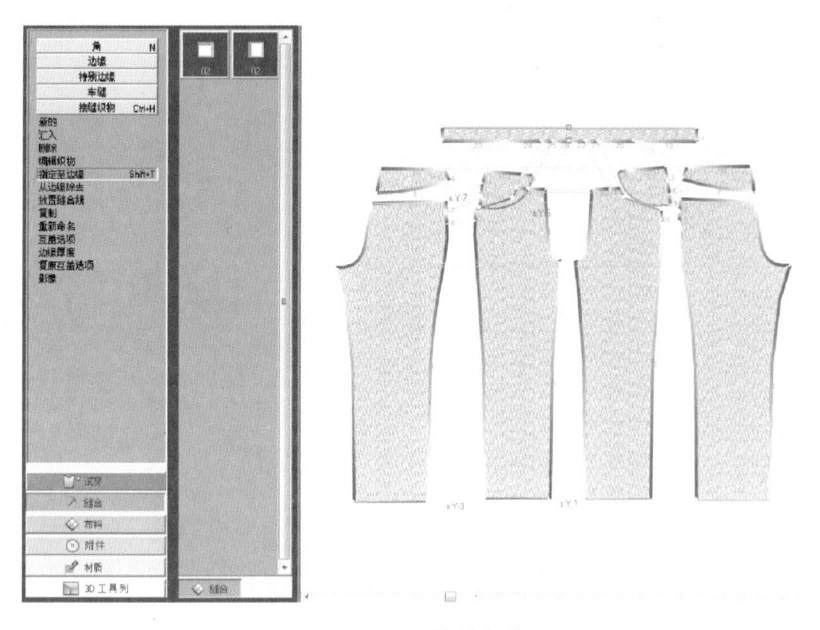

图 2－174　接缝织物

（8）进行三维仿真试衣（见图 2－175～图 2－177）。

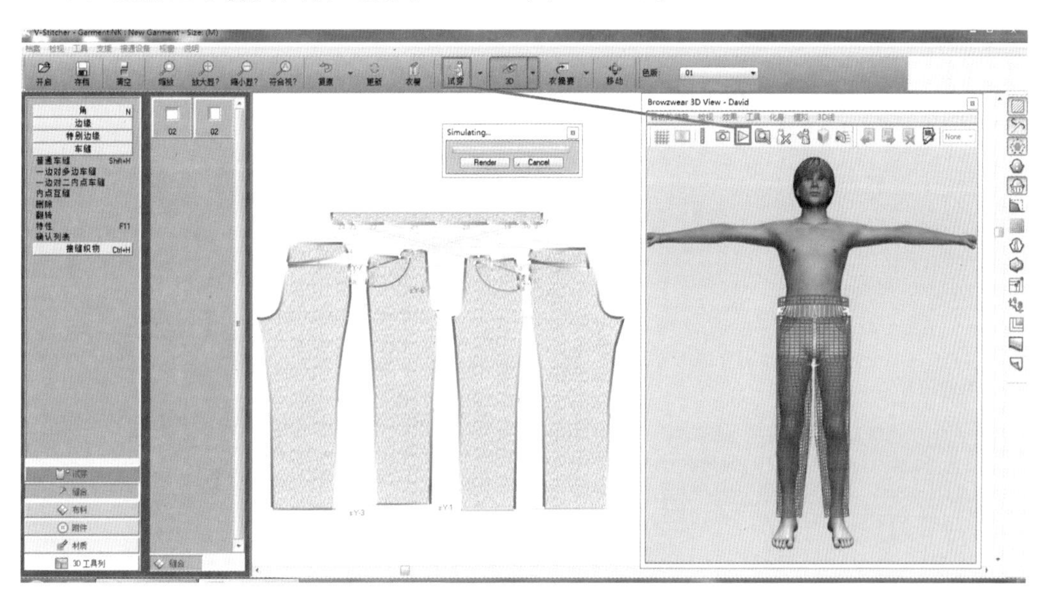

图 2－175　三维仿真试衣

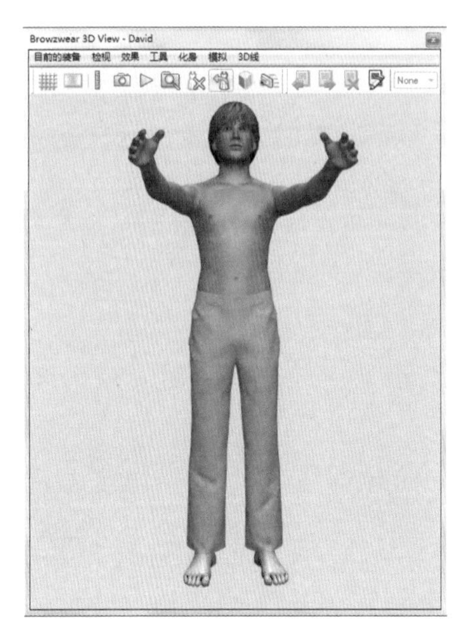

图 2－176　有三维人体模型的试衣效果　　图 2－177　无三维人体模型的试衣效果

（9）生成衣橱照片，并将其上传到衣服数据库进行分类管理（见图 2－178）。

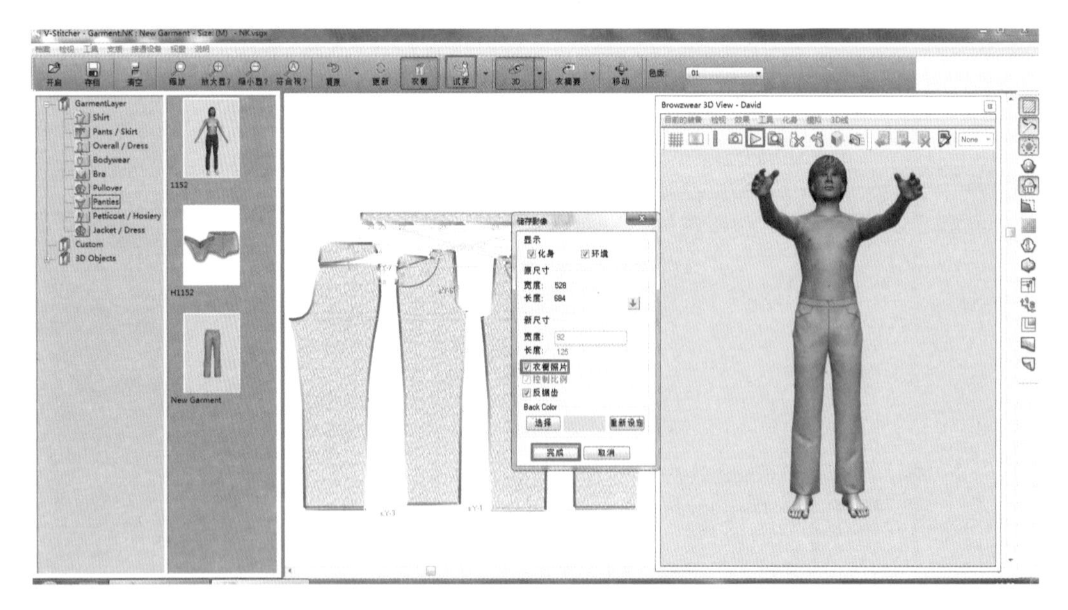

图 2－178　将衣橱照片上传到衣服数据库进行分类管理

思考与练习

1. 结合所学知识，运用服装 VSD 软件的服装 CAD 样板工作区绘制直筒裙样板，并进行可视缝合设计与三维仿真试衣。

2. 结合所学知识，运用服装 VSD 软件的服装 CAD 样板工作区绘制休闲裤样板，并进行可视缝合设计与三维仿真试衣。

3. 结合所学知识，将其他服装 CAD 软件制作的二维服装 CAD 样板以 DXF 格式导入服装 VSD 软件，进行可视缝合设计与三维仿真试衣。

第三章　技能提升

只要掌握了前面所讲的服装VSD软件的操作方法，就可以举一反三，进行其他各类服装的三维仿真试衣操作。本章将给出五款服装的设计案例，因大部分操作方法与前文中所介绍的一致，故下文中只给出主要步骤，不再给出每一步的具体操作方法。

第一节　无领衬衣

本节主要介绍怎样用服装VSD软件制作无领衬衣CAD样板并进行三维仿真试衣。

1. 填写服装分类信息

用服装VSD软件制作好无领衬衣CAD样板后（见图3-1），开始填写分类信息（见图3-2），填好后点击“确定”按钮。

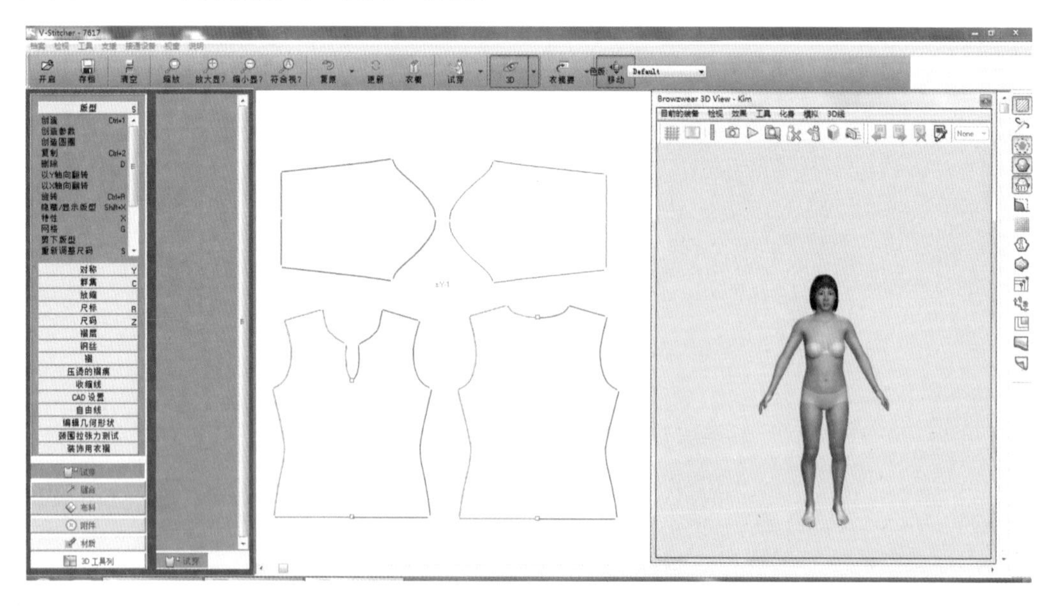

图3-1　制作无领衬衣CAD样板

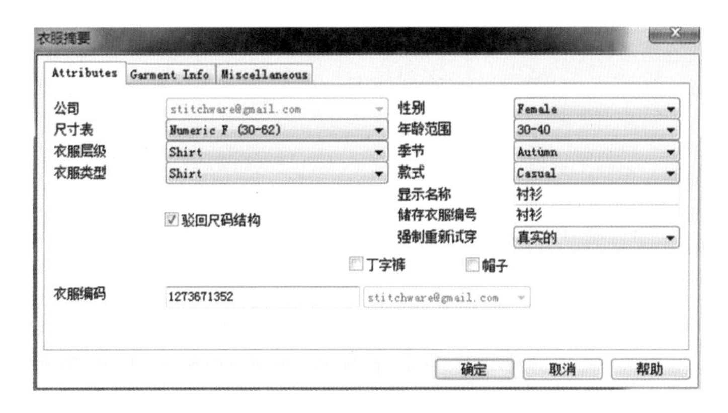

图 3−2　填写服装分类信息

2. 存档

（1）在菜单栏依次点击“档案”→“存档”。

（2）在弹出对话框中选择样板文件的储存位置。

（3）生成衣服档案。

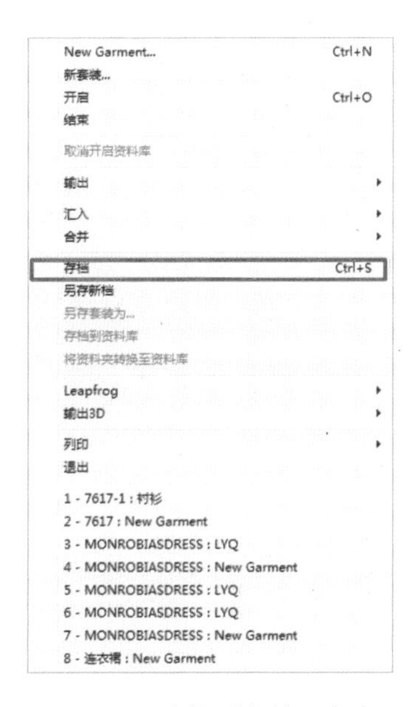

图 3−3　选择“存档”命令

3. 创造和编辑群集

（1）创造新群集（见图 3−4）。

（2）编辑群集。

①设置左前片群集（见图 3−5）。

②设置右前片群集（见图 3−6）。

③设置左袖群集（见图 3−7）。

④设置右袖群集（见图 3−8）。

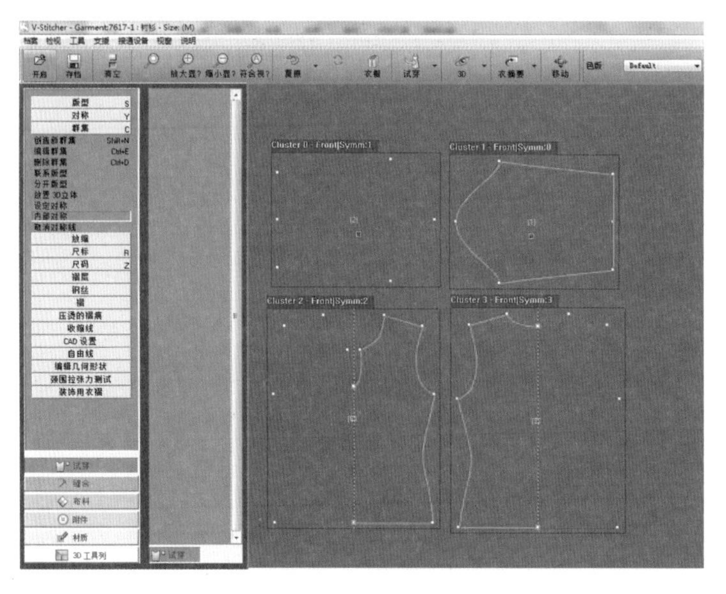

图 3-4 创造新群集

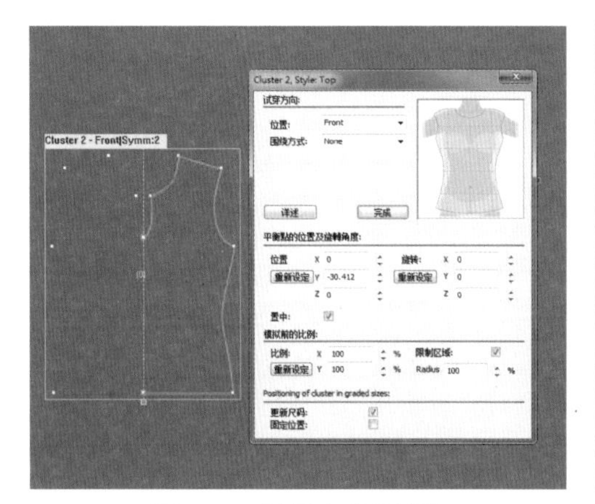

图 3-5 设置左前片群集

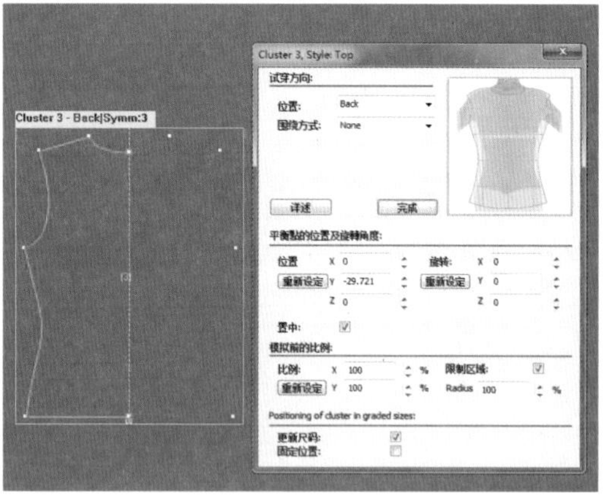

图 3-6 设置右前片群集

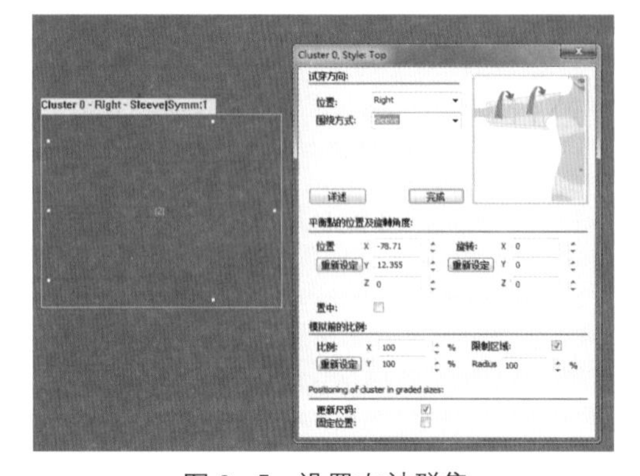

图 3-7 设置左袖群集

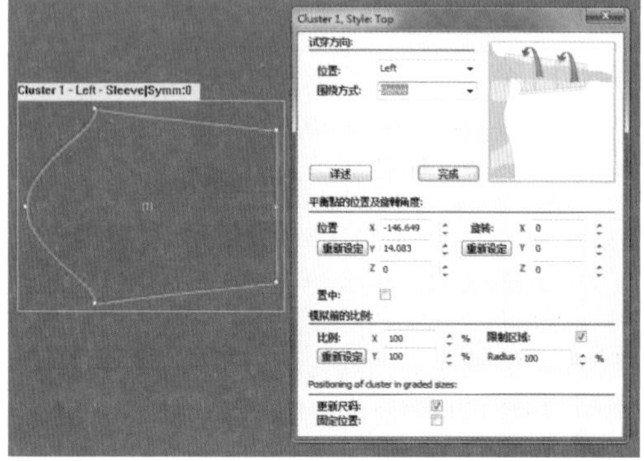

图 3-8 设置右袖群集

4. 车缝

采用普通车缝进行单边对单边缝合（见图 3-9）。缝合完成的效果如图 3-10 所示。

图 3-9　单边对单边缝合　　　　图 3-10　缝合完成的效果

5. 将布料植入样板

(1) 选择色版。

(2) 选择布料。

(3) 放置布料至样板之中（见图 3-11）。

(4) 接缝织物。

①在“缝合功能中心”中点击“接缝织物”→“新的”（见图 3-12）。

②输入新增的接缝织物名称。

③选择所需的接缝织物影像（见图 3-13）。

④点击“Open”按钮。

⑤选中新增的接缝织物。

⑥点击“指定至边缘”。

⑦点击相关边缘，添加接缝织物（见图 3-14）。

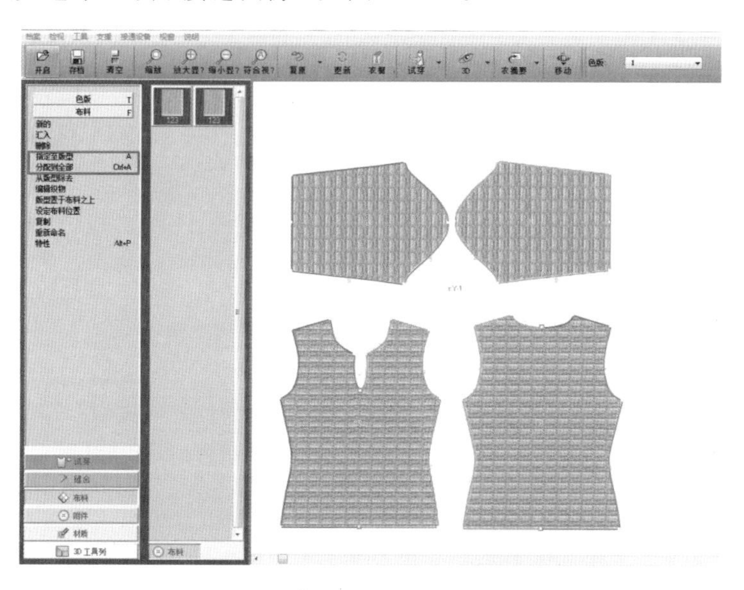

图 3-11　将布料放置至样板之中

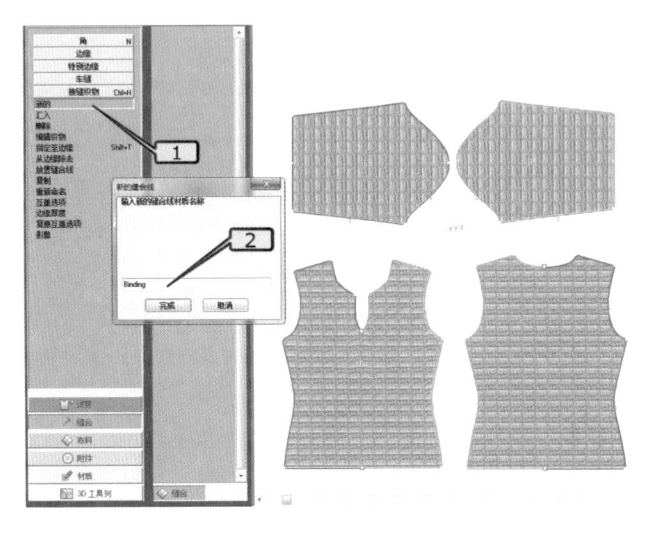

图 3－12　新增接缝织物

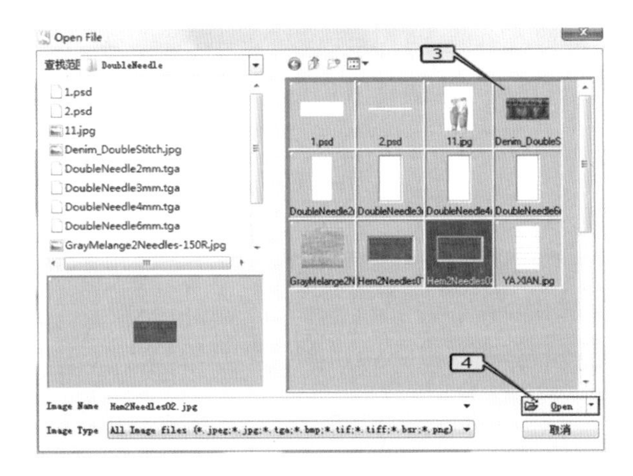

图 3－13　选择接缝织物影像

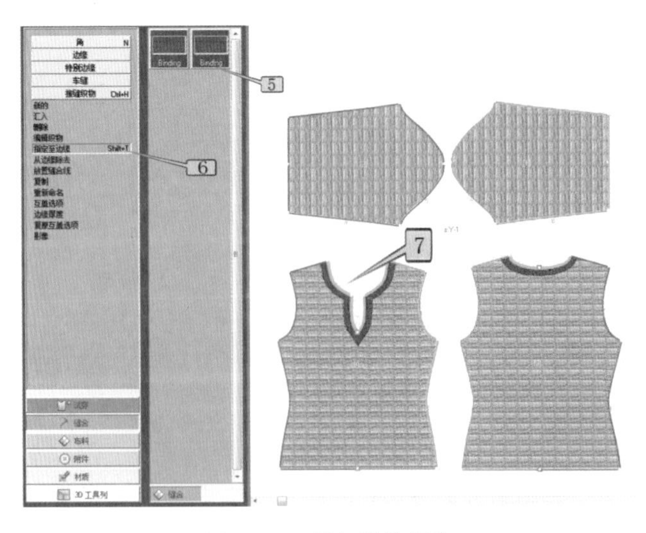

图 3－14　添加接缝织物

6. 创造 logo

（1）在“附件功能中心”中选择 logo（见图 3−15）。

（2）附加 logo 到样板上（见图 3−16）。

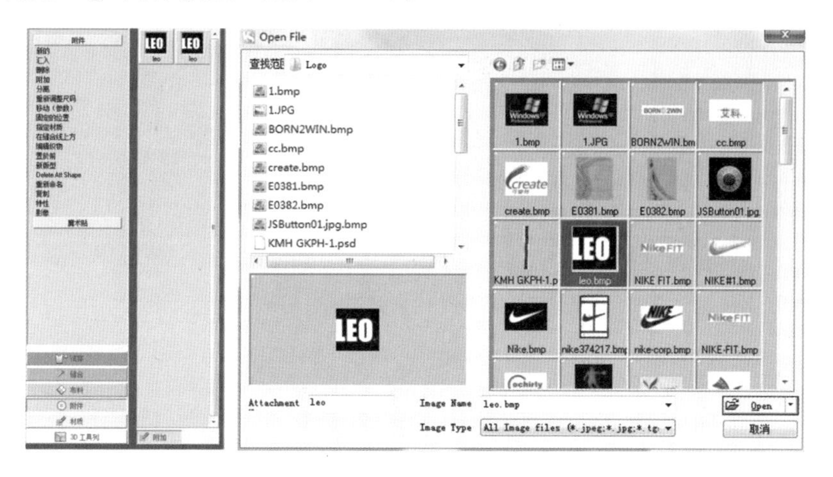

图 3−15　创造 logo 附件

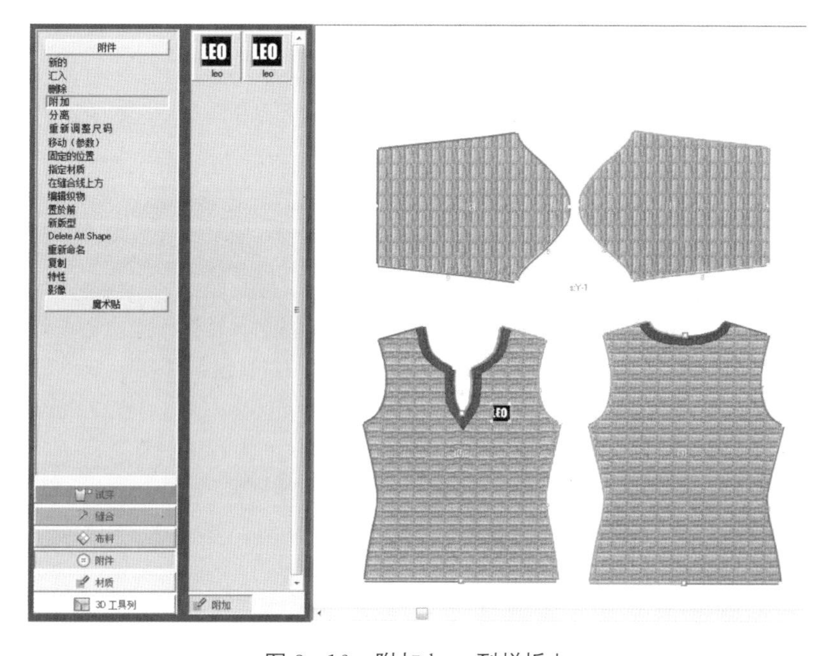

图 3−16　附加 logo 到样板上

7. 三维仿真试衣

分配好布料后，就可以进行三维仿真试衣（见图 3−17~图 3−19）。

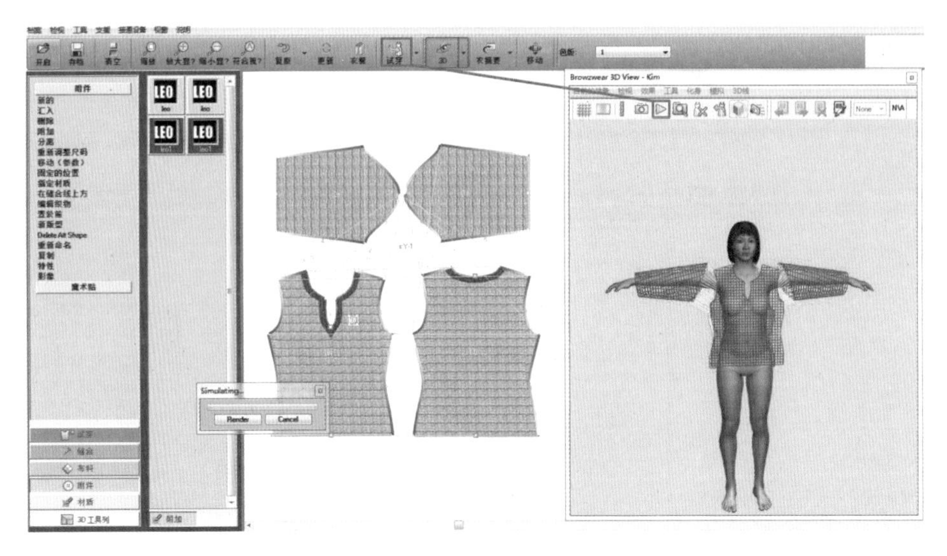

图 3—17　三维仿真试衣

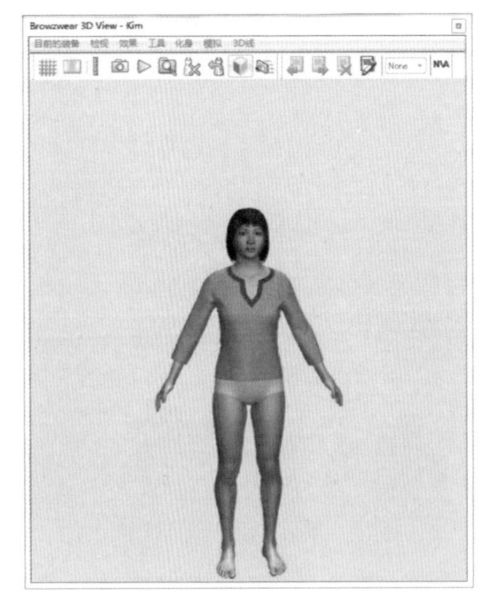

图 3—18　有三维人体模型的试衣效果

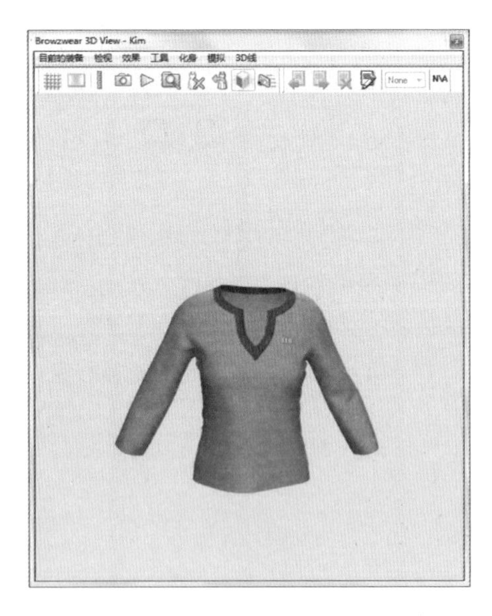

图 3—19　无三维人体模型的试衣效果

8. 生成衣橱照片

生成衣橱照片，并将其上传到衣服数据库进行分类管理（见图 3—20）。

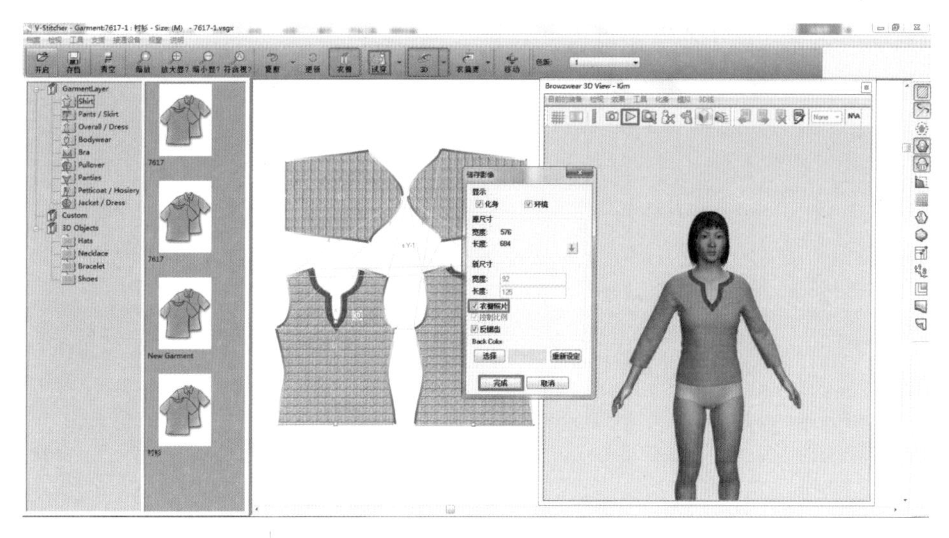

图 3－20　将衣橱照片上传到衣服数据库进行分类管理

第二节　男式 T 恤衫

本节主要介绍如何用服装 VSD 软件制作男式 T 恤样板并进行三维仿真试衣。

(1) 汇入 DXF 样板文档。

(2) 编辑服装分类信息并存档。

(3) 进入版型工作中心，处理汇入的二维服装 CAD 样板（见图 3－21）。

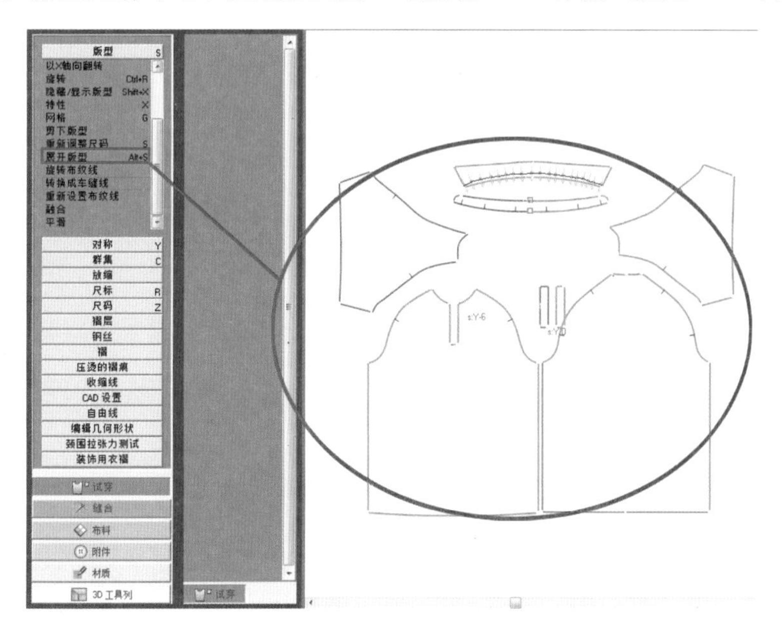

图 3－21　处理汇入的二维服装 CAD 样板

（4）在“试穿功能中心”中点击“对称”，使需要的样板对称（见图 3—22）。

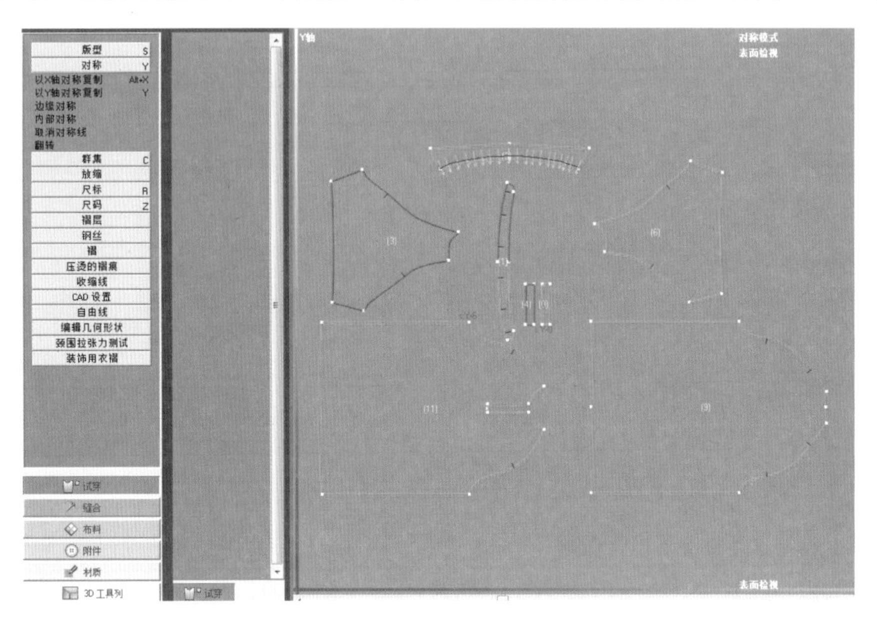

图 3—22　使需要的样板对称

（5）新建和编辑群集

①创造新群集（见图 3—23）。

②编辑群集，包括：领子群集、前片群集、后片群集、左袖群集、右袖群集（见图 3—24～图 3—28）。

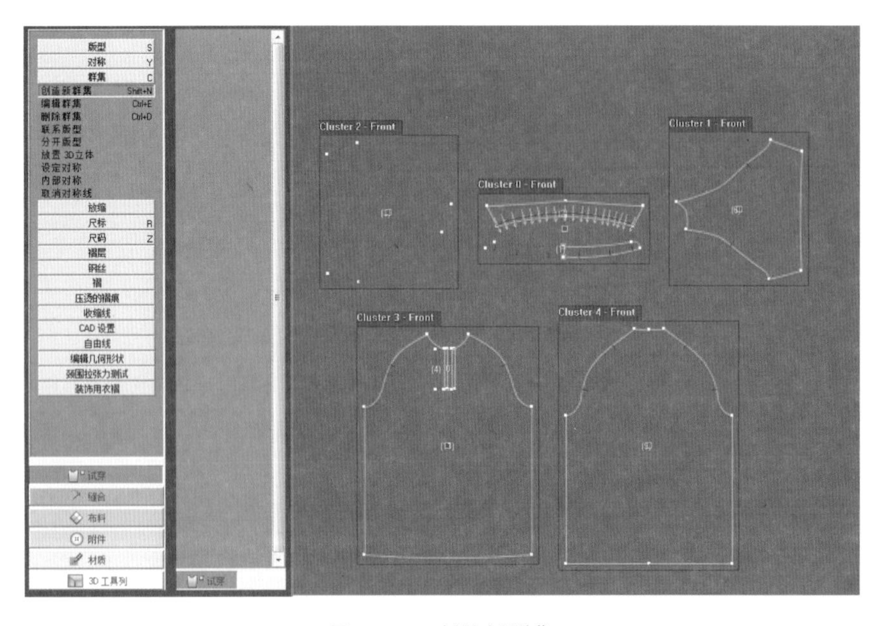

图 3—23　创造新群集

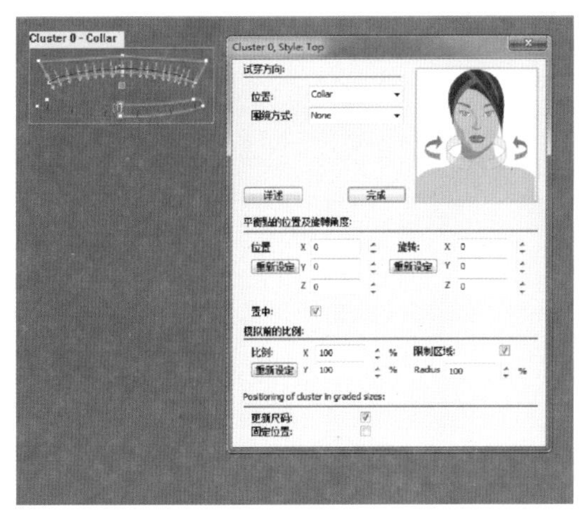

图 3—24　设置领子群集

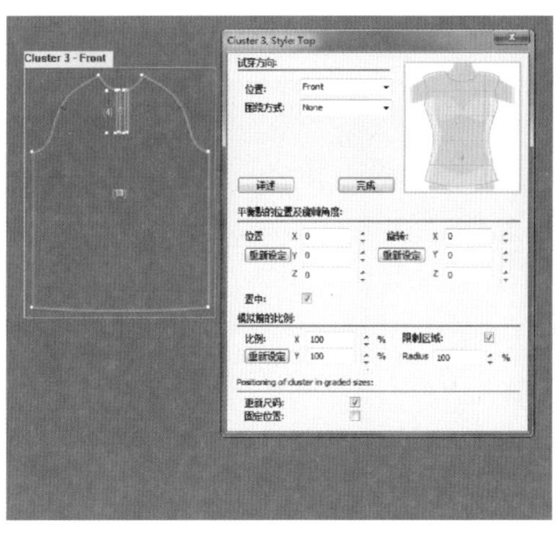

图 3—25　设置前片群集

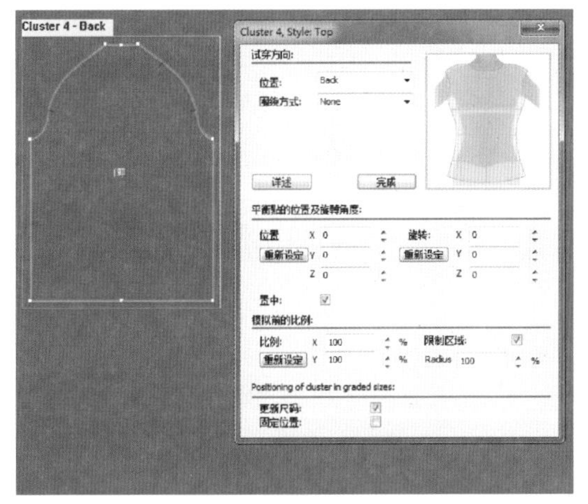

图 3—26　设置后片群集

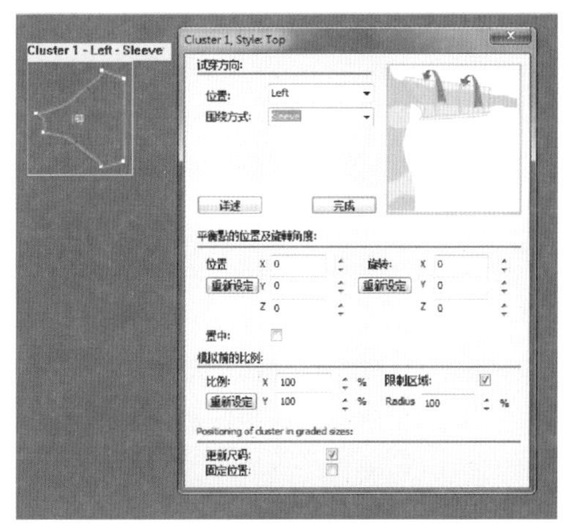

图 3—27　设置左袖群集

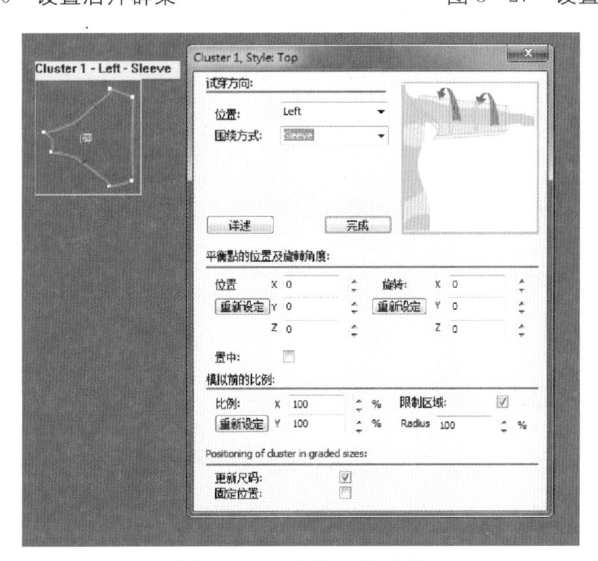

图 3—28　设置右袖群集

（6）设置领子翻折量（见图 3－29）。

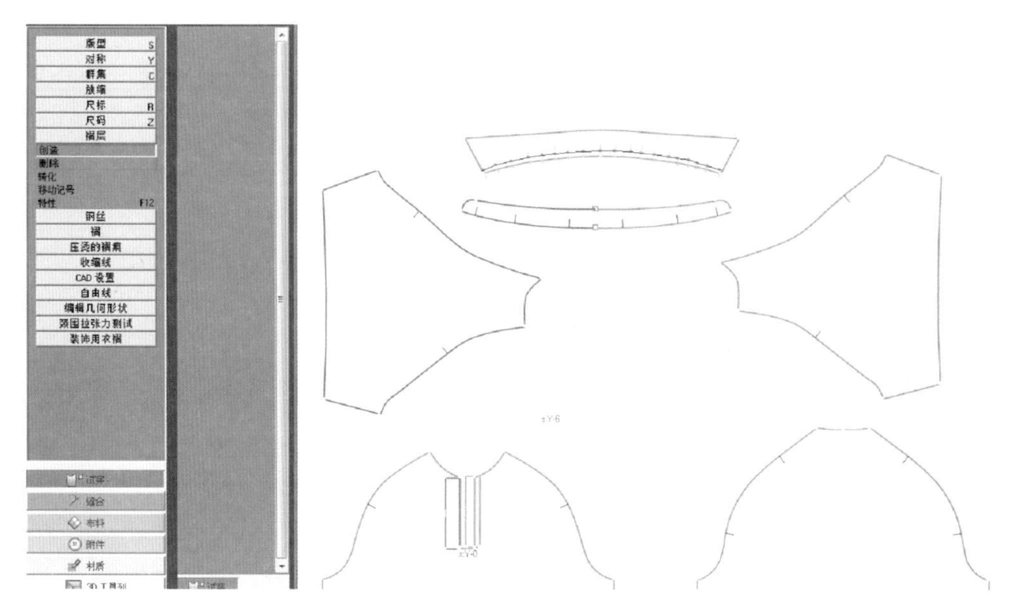

图 3－29　设置领子翻折量

（7）采用普通车缝进行单边对单边缝合（见图 3－30）。缝合完成的效果图如 3－31 所示。

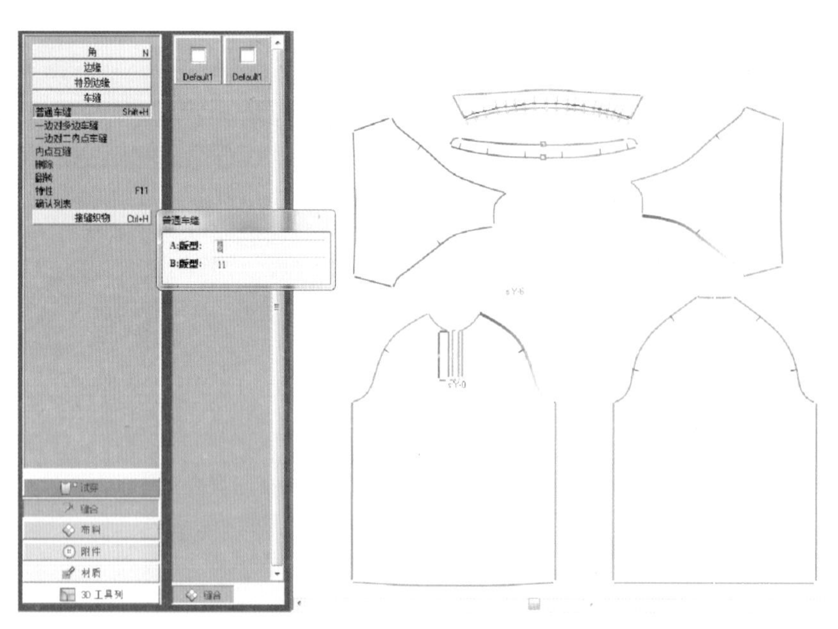

图 3－30　单边对单边缝合

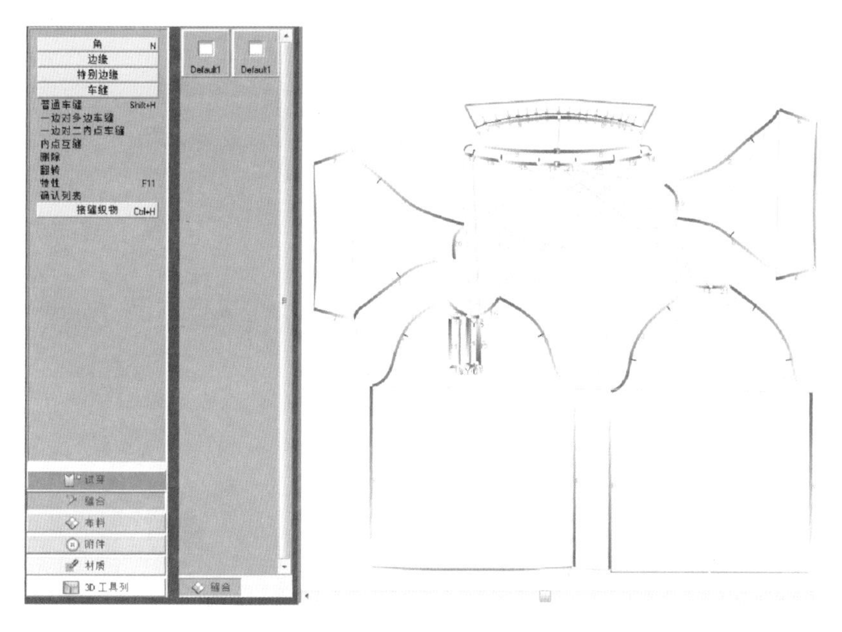

图 3－31　缝合完成的效果

（8）将布料植入样板。

①放置布料至样板之中。

②接缝织物（见图 3－32）。

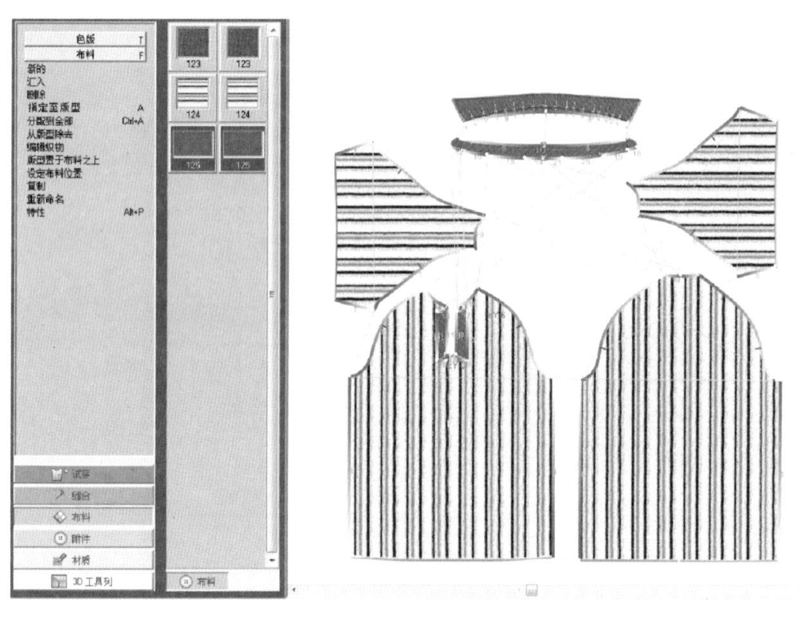

图 3－32　接缝织物

(9)进行三维仿真试衣(见图3—33~图3—35)。

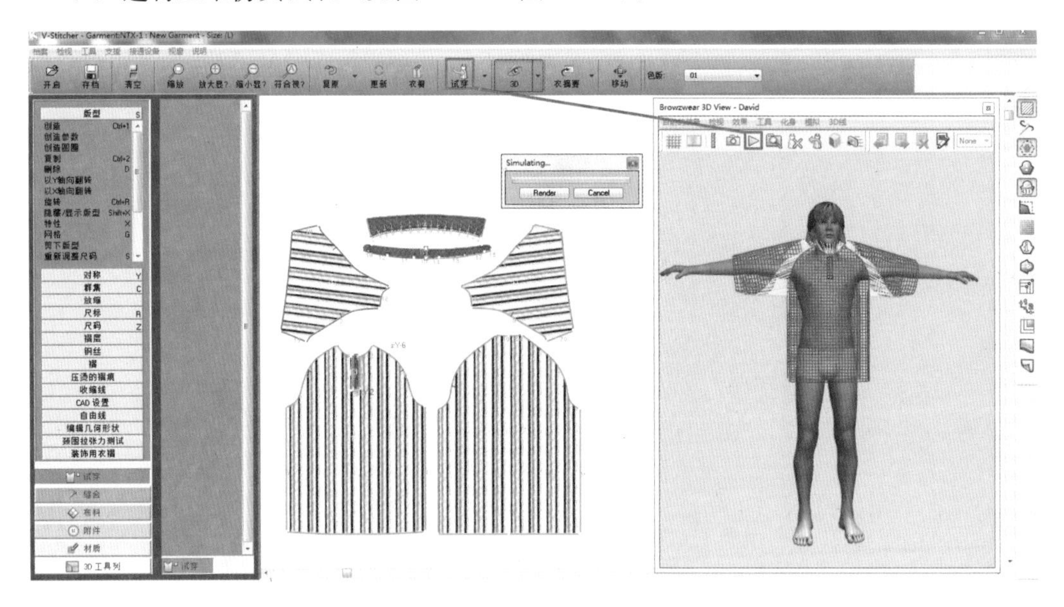

图3—33　三维仿真试衣

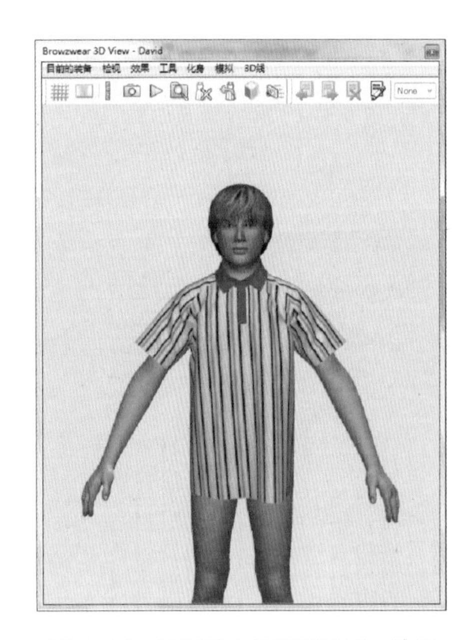

图3—34　有三维人体模型的试衣效果

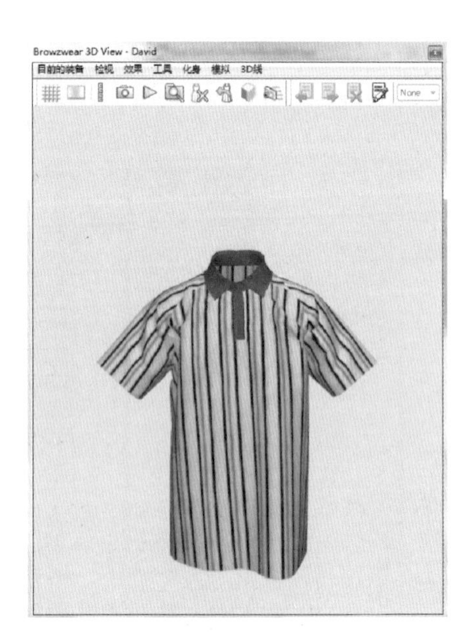

图3—35　无三维人体模型的试衣效果

(10)生成衣橱照片,并将其上传到衣服数据库进行分类管理(见图3—36)。

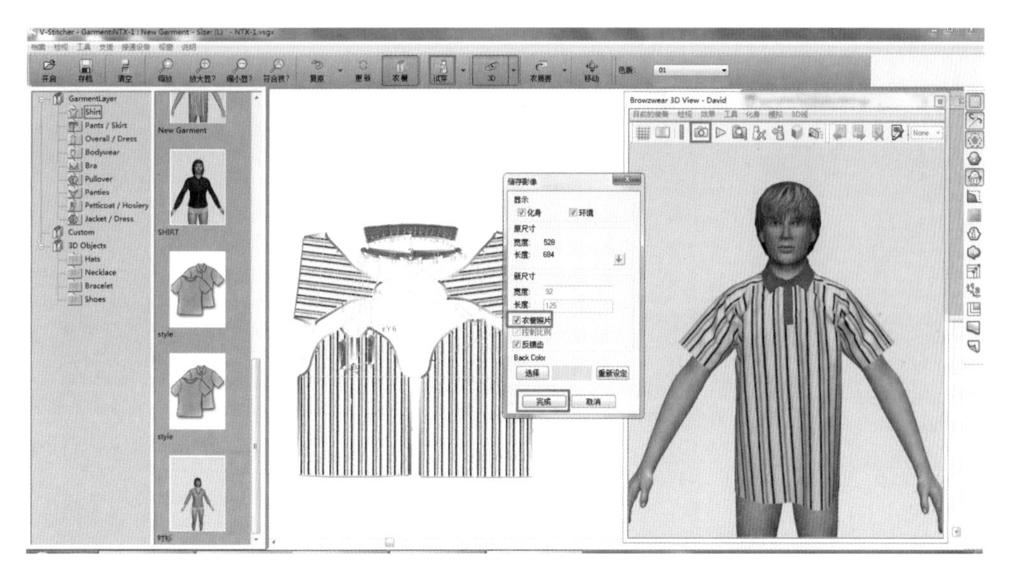

图 3－36　将衣橱照片上传到衣服数据库进行分类管理

第三节　职业装

本节主要介绍如何用服装 VSD 软件制作职业装 CAD 样板并进行三维仿真试衣。

（1）汇入 DXF 样板文档。

（2）编辑衣服分类信息并存档。

（3）处理汇入的二维服装 CAD 样板（见图 3－37）。

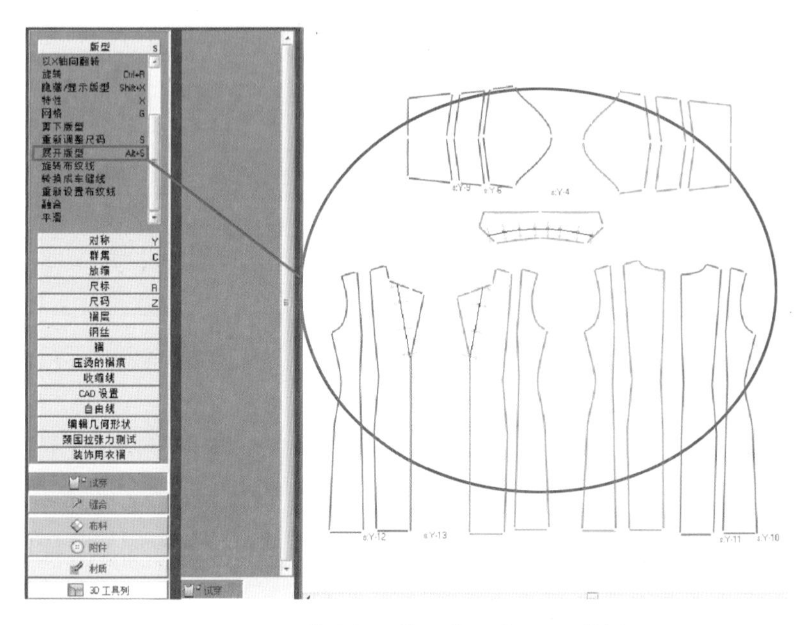

图 3－37　处理汇入的二维服装 CAD 样板

（4）使需要的样板对称（见图 3－38）。

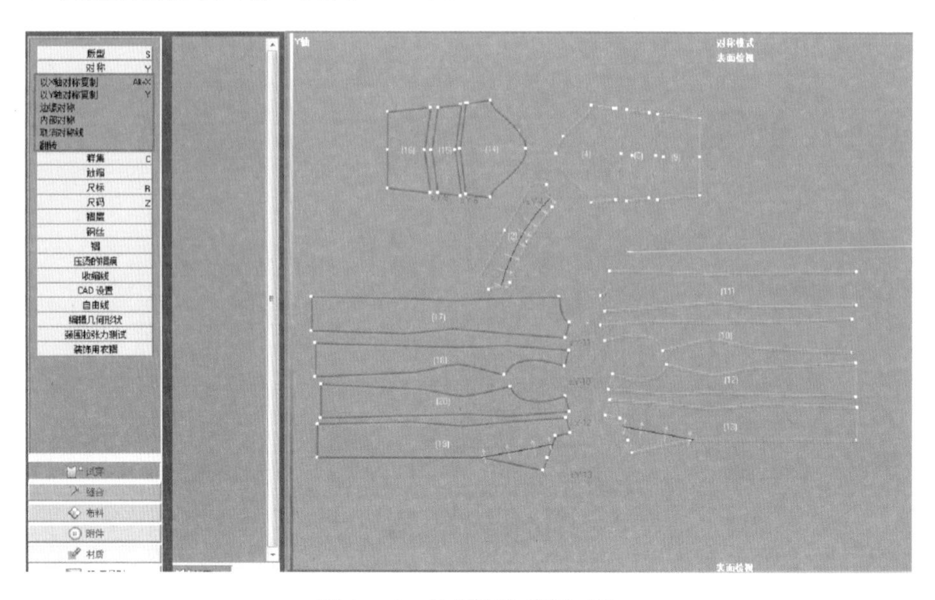

图 3－38　使需要的样板对称

（5）创造并编辑群集。

①创造新群集（见图 3－39）。

②编辑群集，包括：领子群集、前片群集、后片群集、左袖群集、右袖群集（见图 3－40～图 3－44）。

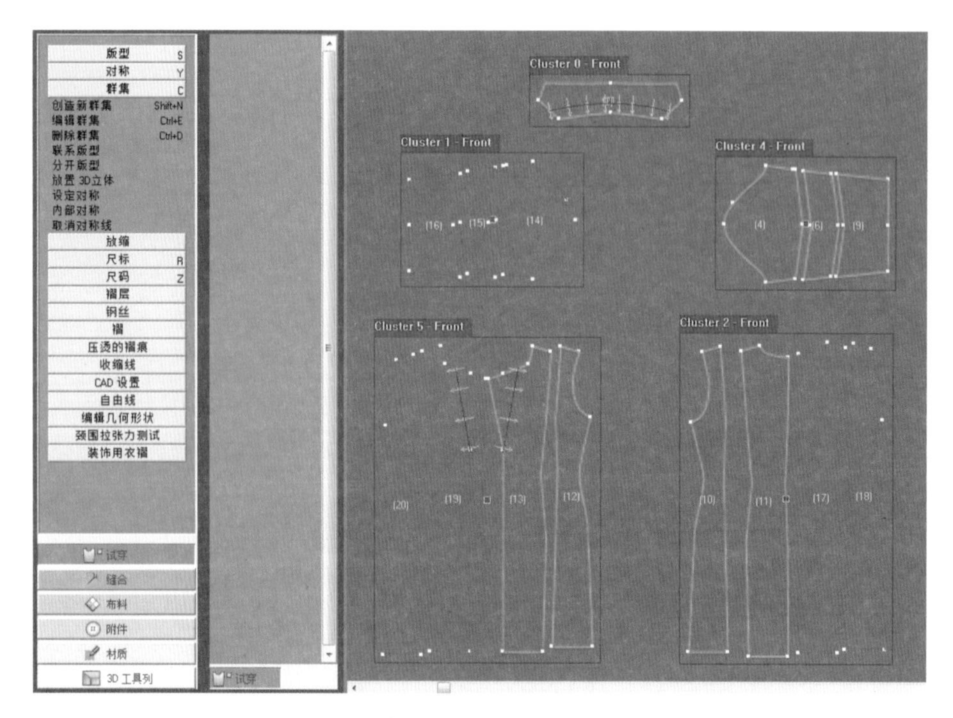

图 3－39　创造新群集

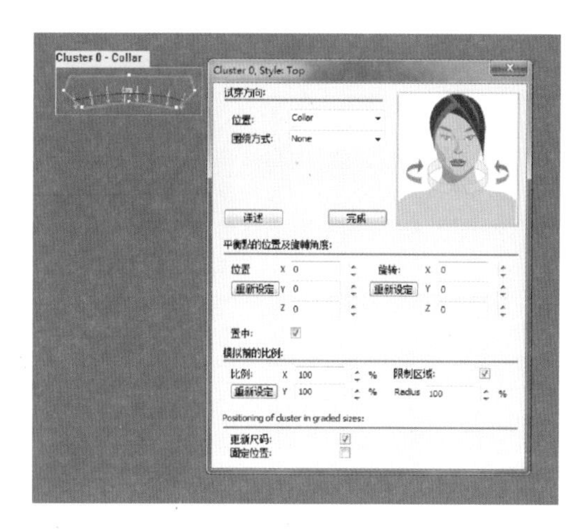

图 3－40　设置领子群集

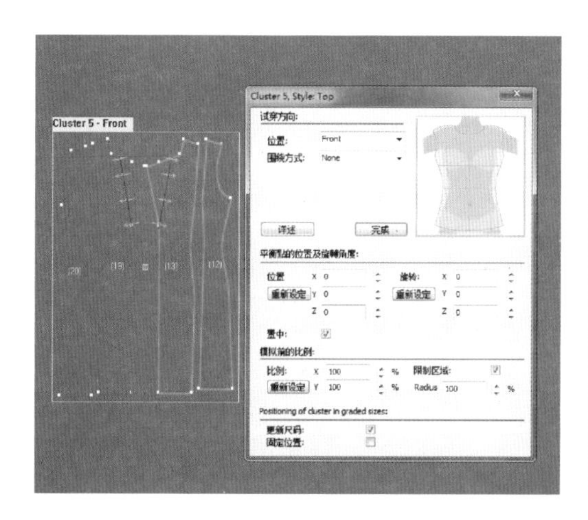

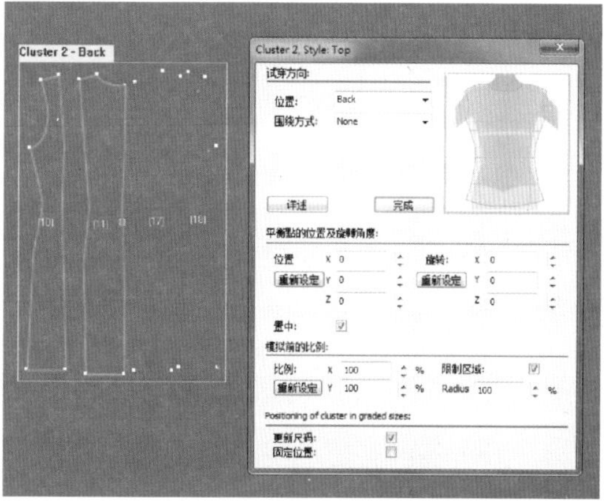

图 3－41　设置前片群集

图 3－42　设置后片群集

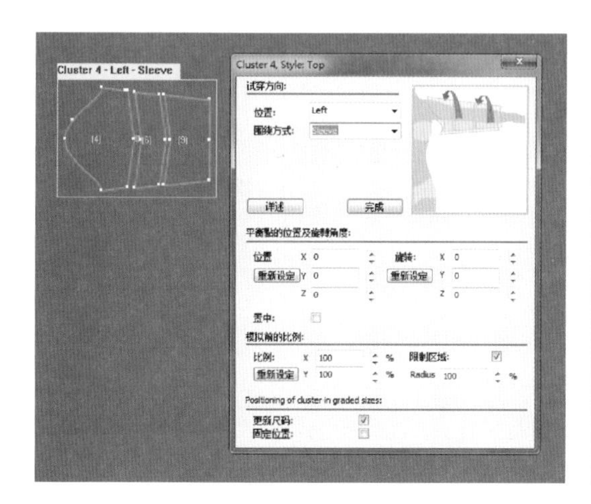

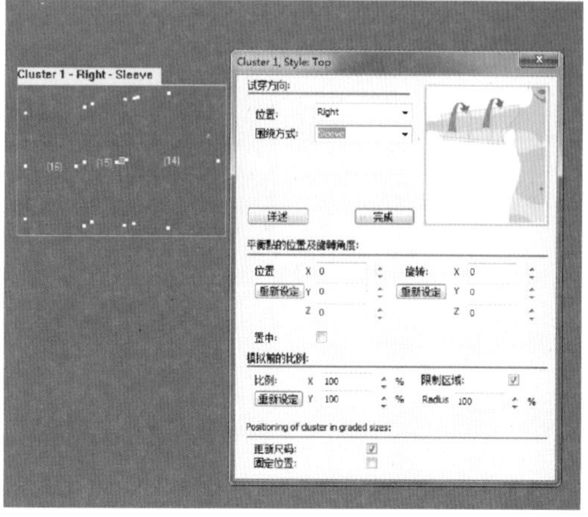

图 3－43　设置左袖群集

图 3－44　设置右袖群集

(6) 添加褶层（见图 3—45）。

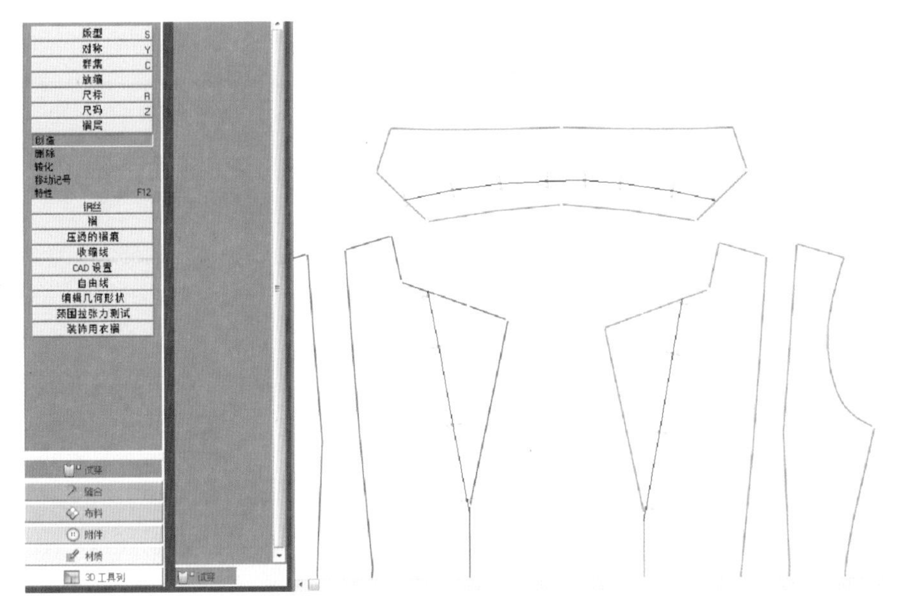

图 3—45　添加褶层

(7) 采用普通车缝进行单边对单边缝合（见图 3—46）。缝合完成的效果图如图 3—47 所示。

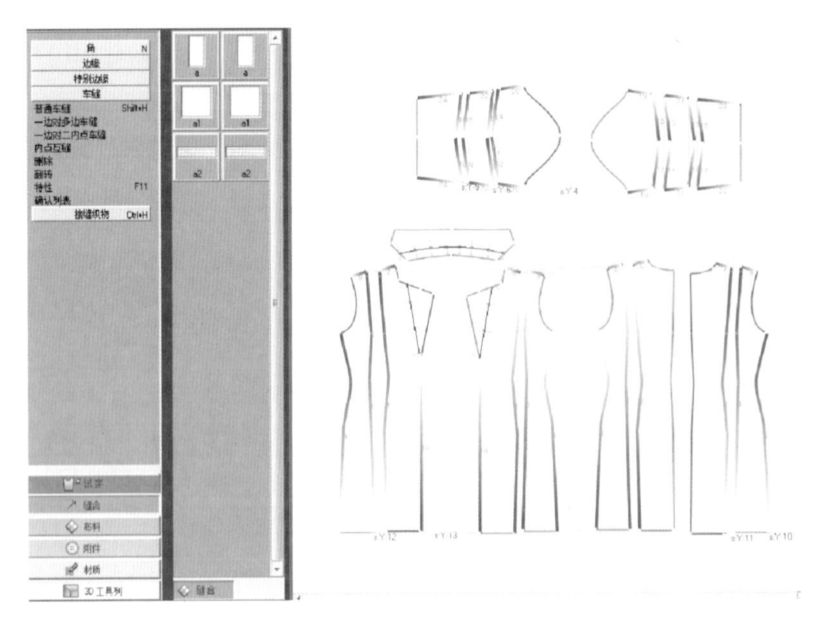

图 3—46　单边对单边缝合

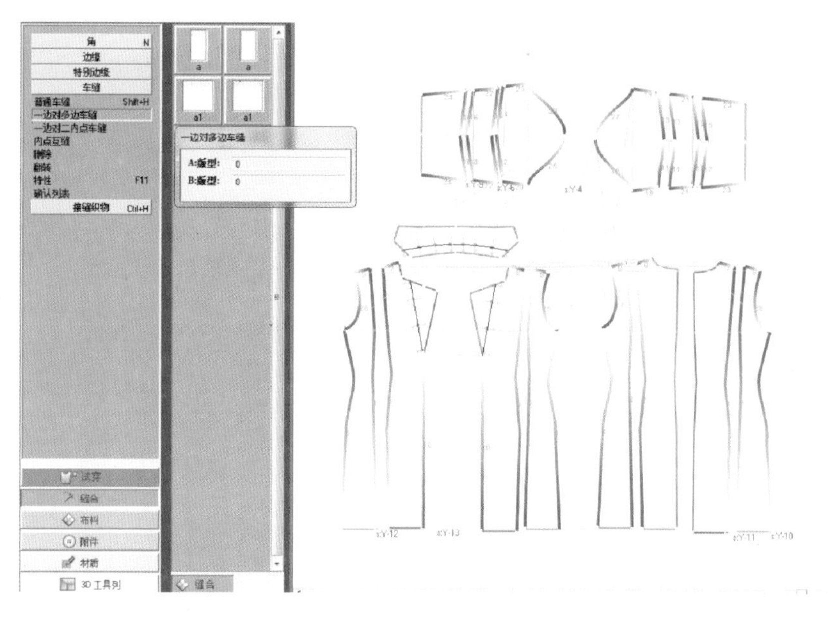

图 3-47　缝合完成后的效果图

（8）将布料植入样板。

①放置布料至样板之中（见图 3-48）。

②接缝织物（见图 3-49）。

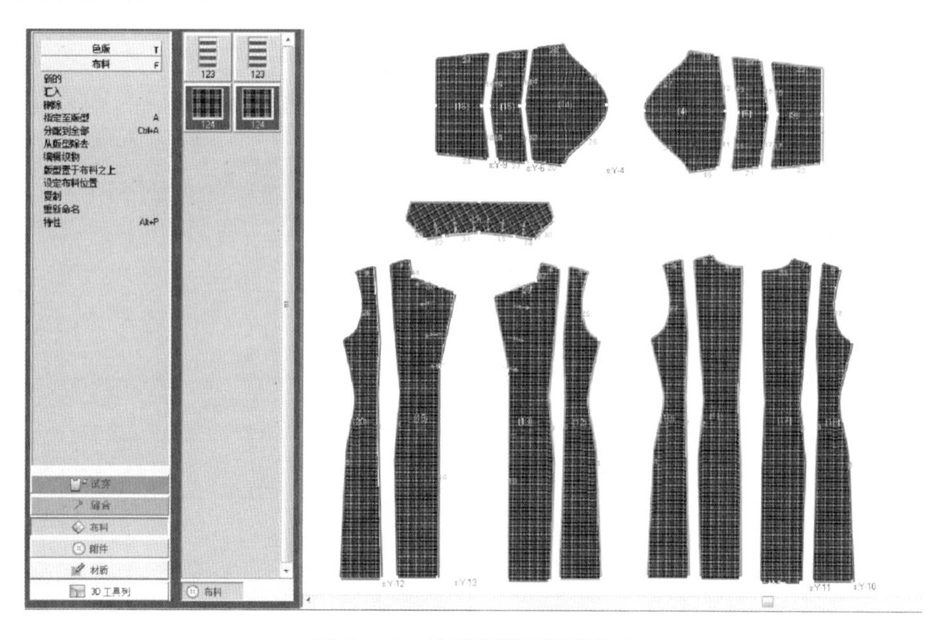

图 3-48　放置布料至样板之中

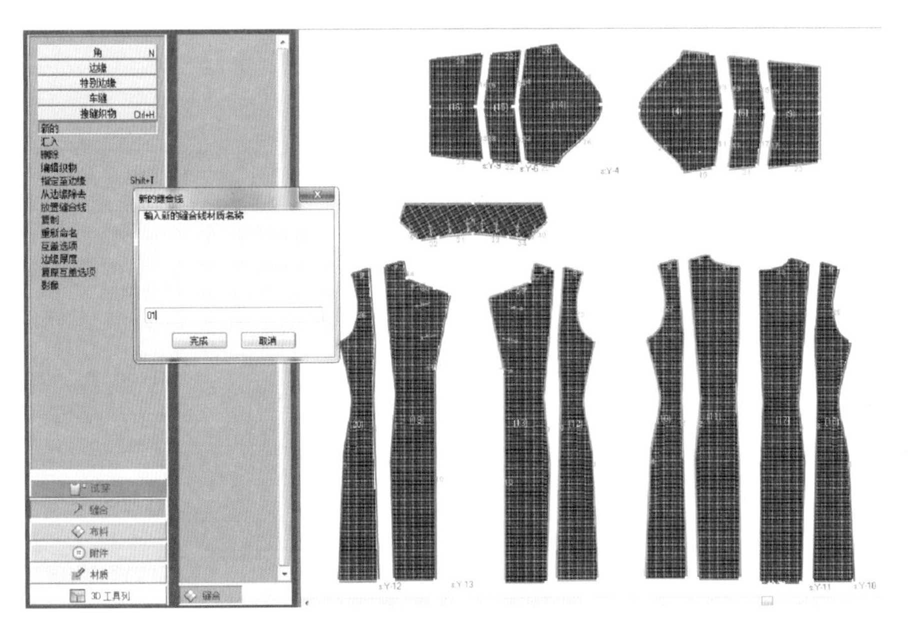

图 3－49　接缝织物

（9）进行三维仿真试衣（见图 3－50～图 3－52）。

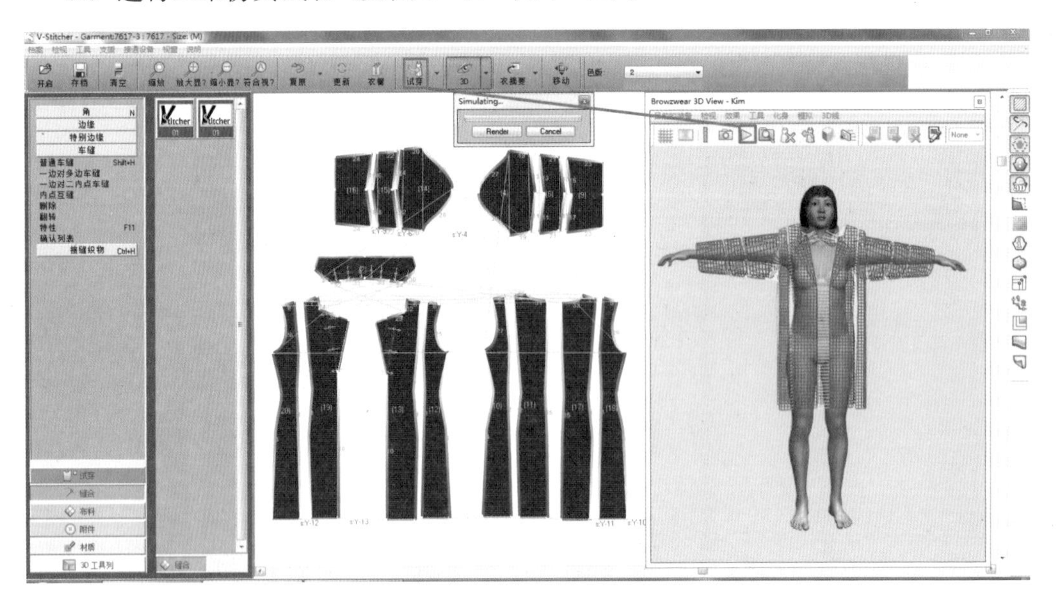

图 3－50　三维仿真试衣

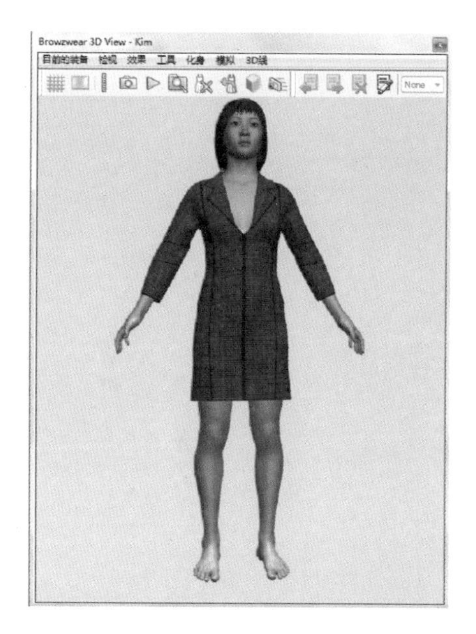

图 3—51　有三维人体模型的试衣效果　　图 3—52　无三维人体模型的试衣效果

（10）生成衣橱照片，并将其上传到衣服数据库进行分类管理（见图 3—53）。

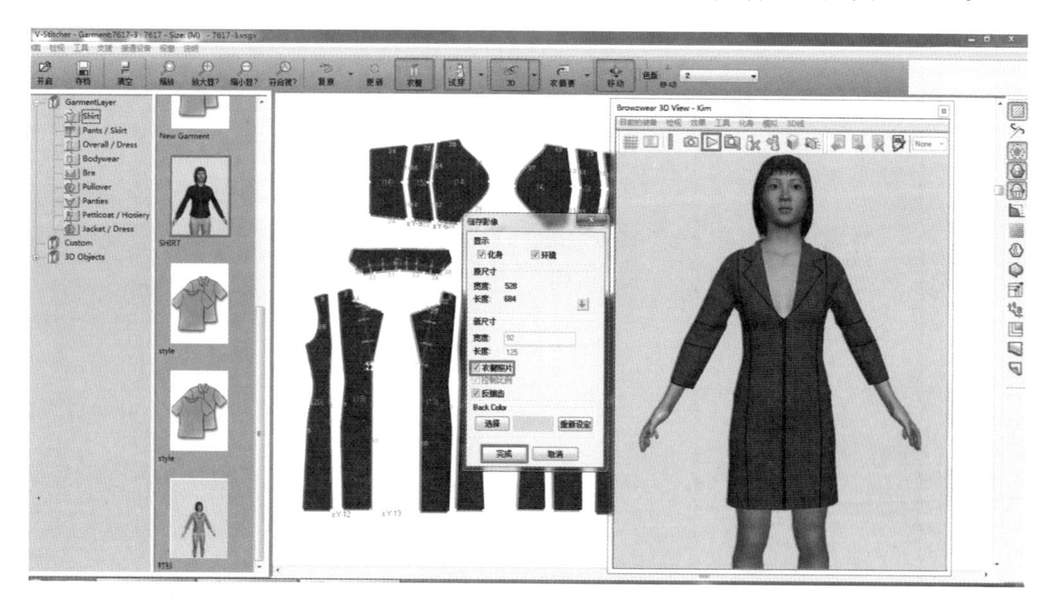

图 3—53　将衣橱照片上传到衣服数据库进行分类管理

第四节　男式夹克

本节主要介绍如何用服装 VSD 软件制作男式夹克 CAD 样板并进行三维仿真试衣。

（1）汇入 DXF 样板文档。

（2）编辑服装分类信息并存档。

（3）处理汇入的二维服装 CAD 样板（见图 3－54）。

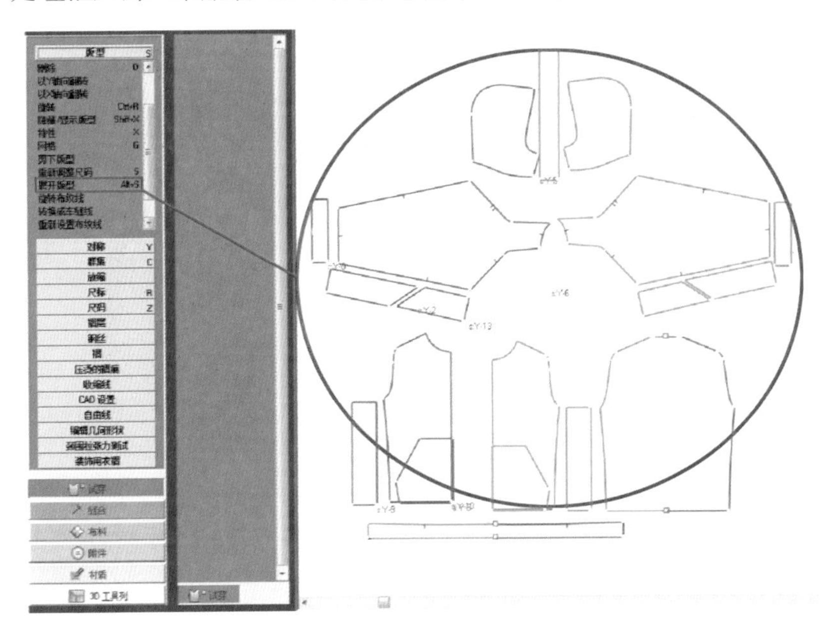

图 3－54　处理汇入的二维服装 CAD 样板

（4）使需要的样板对称（见图 3－55）。

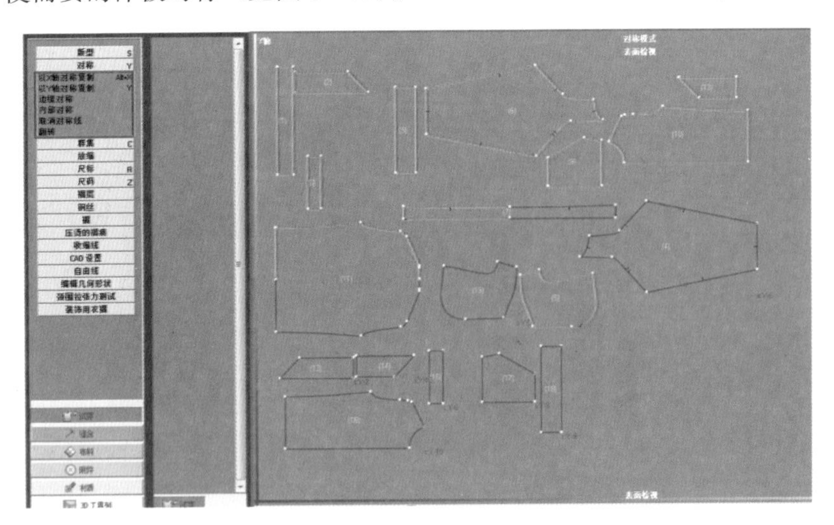

图 3－55　使需要的样板对称

（5）创造和编辑群集。

（1）创造新群集（见图 3－56）。

（2）编辑群集，包括：帽子群集、前片群集、后片群集、左侧群集、右侧群集、腰带群集、左袖群集、右袖群集、左袖口群集、右袖口群集（见图 3－57～图 3－66）。

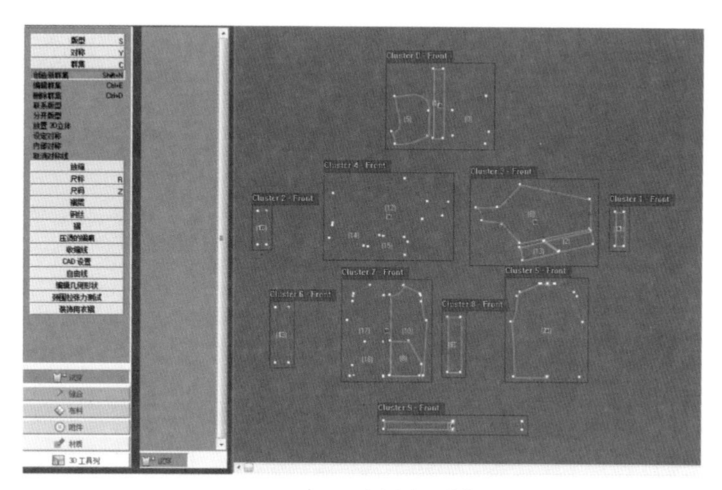

图 3－56　创造新群集

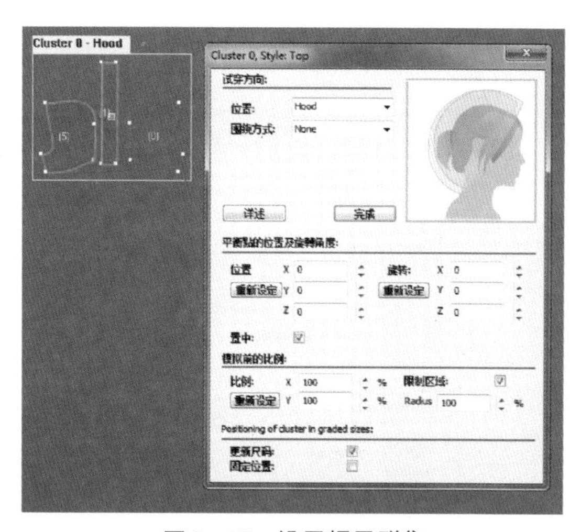

图 3－57　设置帽子群集

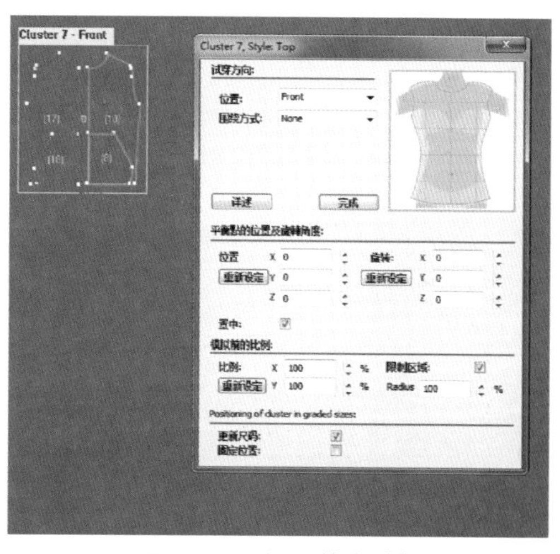

图 3－58　设置前片群集

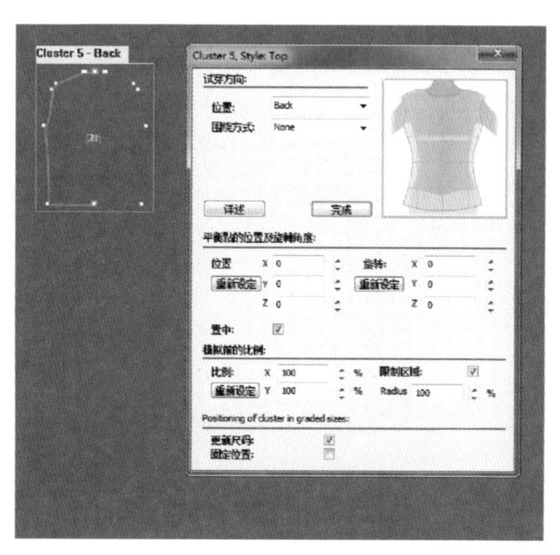

图 3－59　设置后片群集

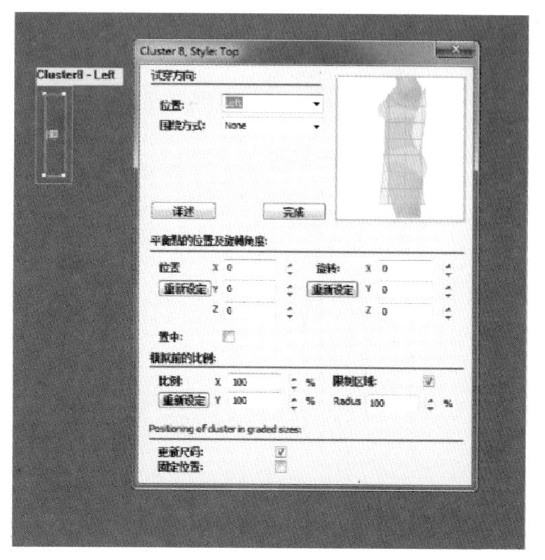

图 3－60　设置左侧群集

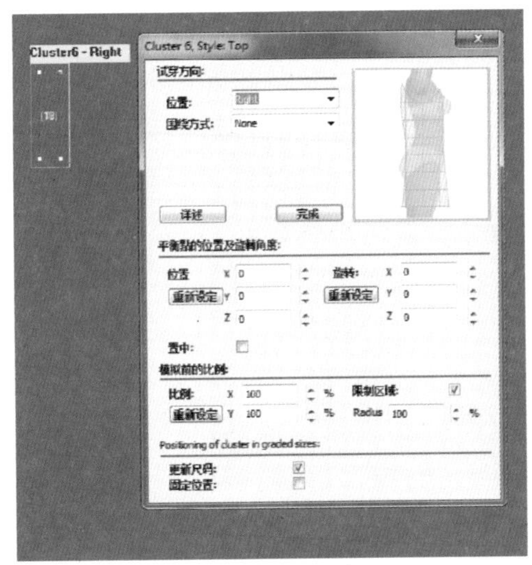

图 3—61　设置右侧群集

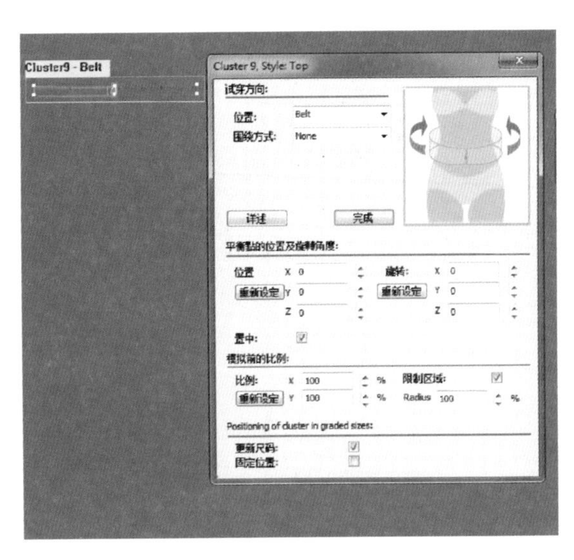

图 3—62　设置腰带群集

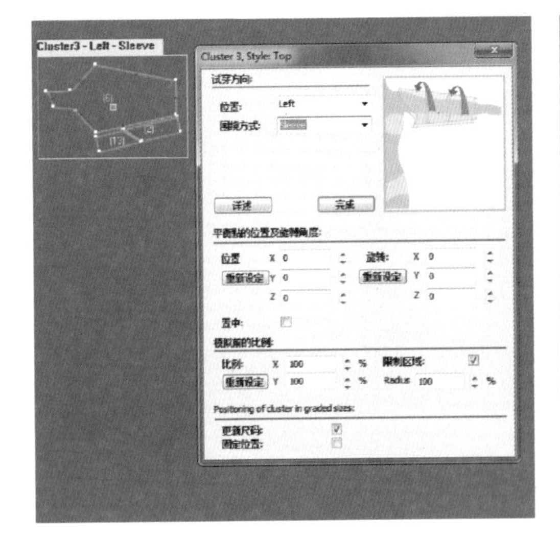

图 3—63　设置左袖群集

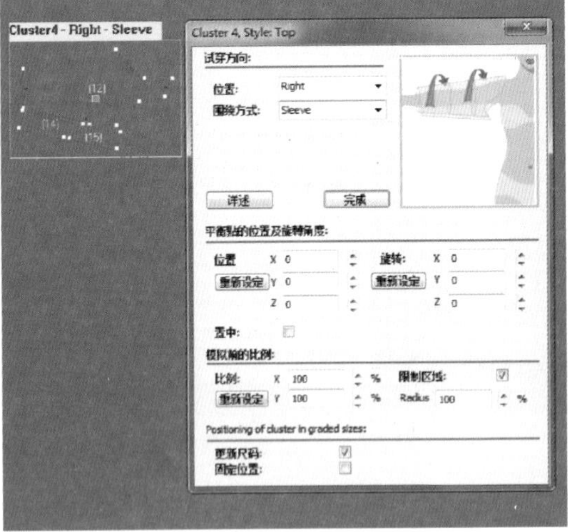

图 3—64　设置右袖群集

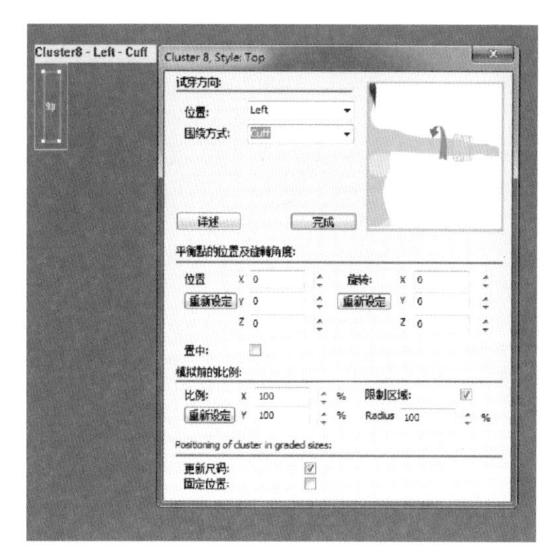

图 3-65　设置左袖口群集

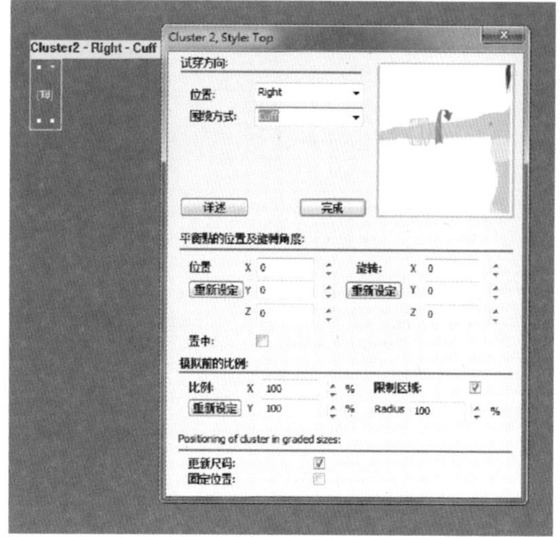

图 3-66　设置右袖口群集

（6）采用普通车缝进行单边对单边缝合（见图 3-67）。缝合完成的效果如图 3-68 所示。

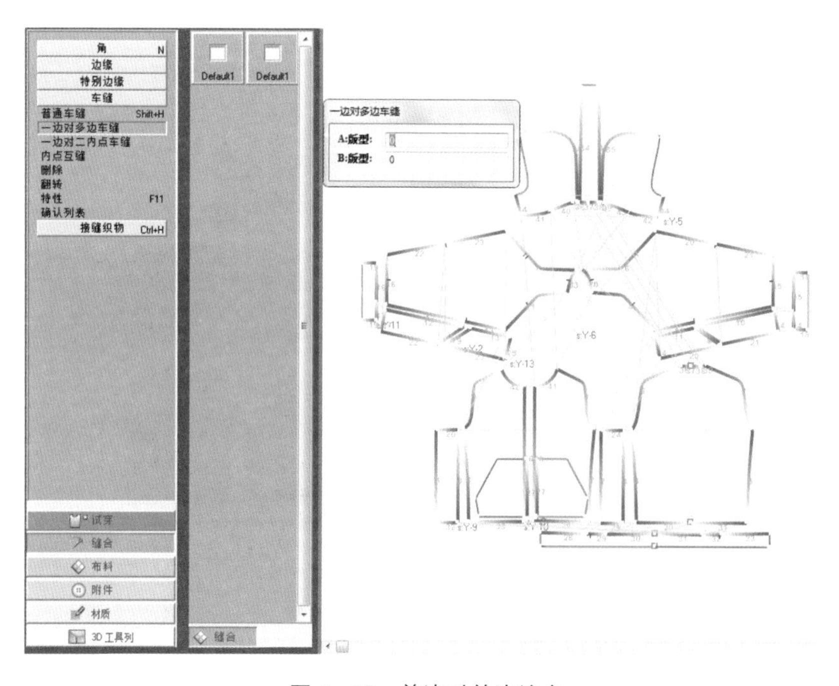

图 3-67　单边对单边缝合

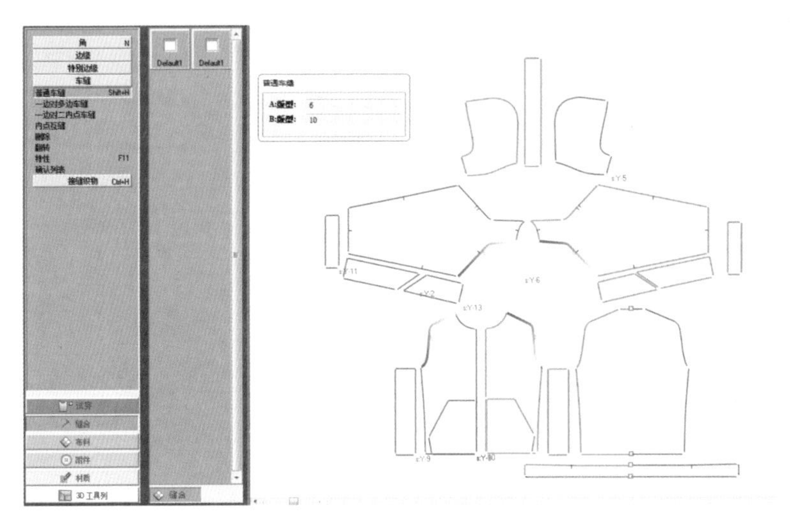

图 3-68　缝合完成的效果

（7）将布料植入样板。

①放置布料至样板中（见图 3-69）。

②接缝织物（见图 3-70）。

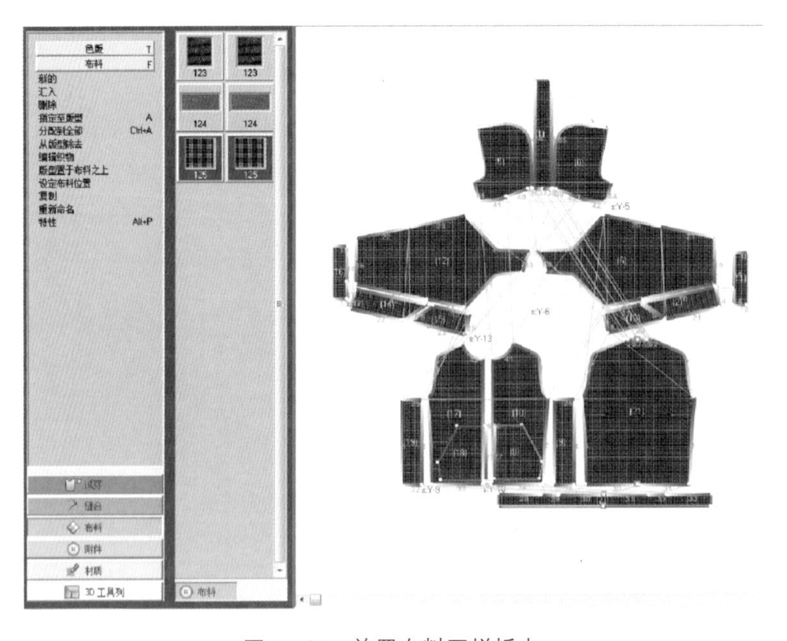

图 3-69　放置布料至样板中

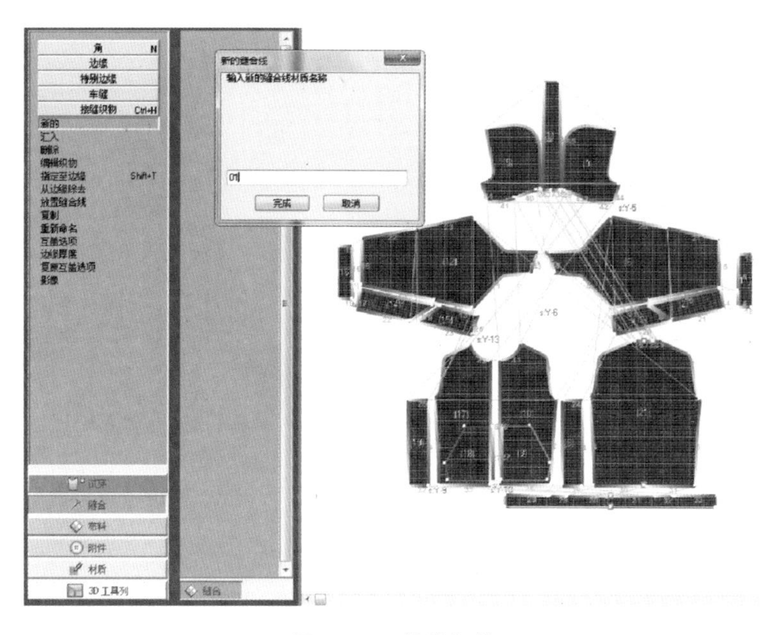

图 3－70　接缝织物

（8）进行三维仿真试衣（见图 3－71～图 3－73）。

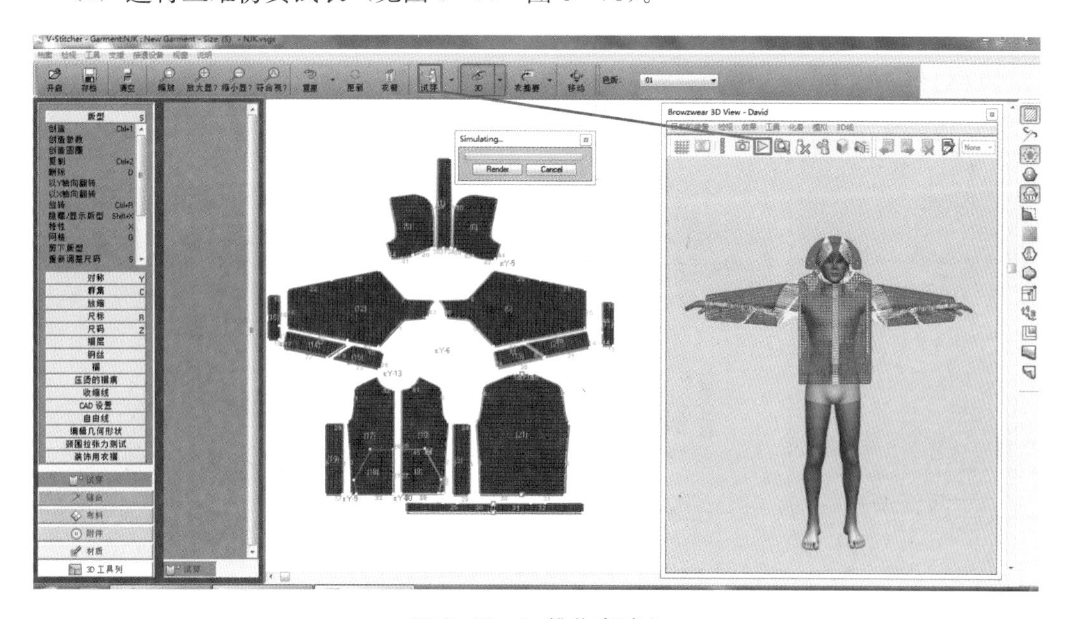

图 3－71　三维仿真试衣

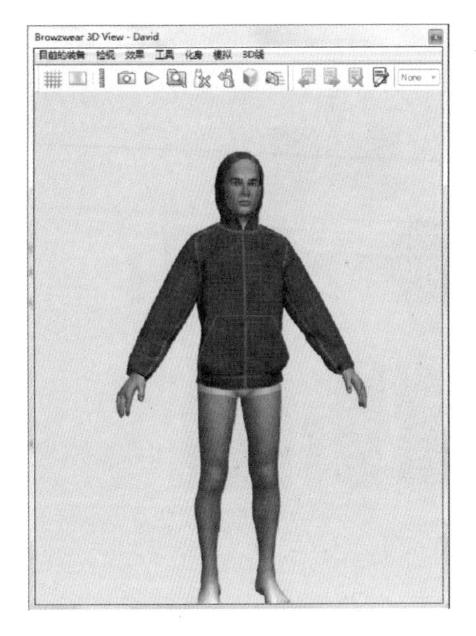

图 3−72　有三维人体模型的试衣效果

图 3−73　无三维人体模型的试衣效果

（9）生成衣橱照片，并将其上传到衣服数据库进行分类管理（图 3−74）。

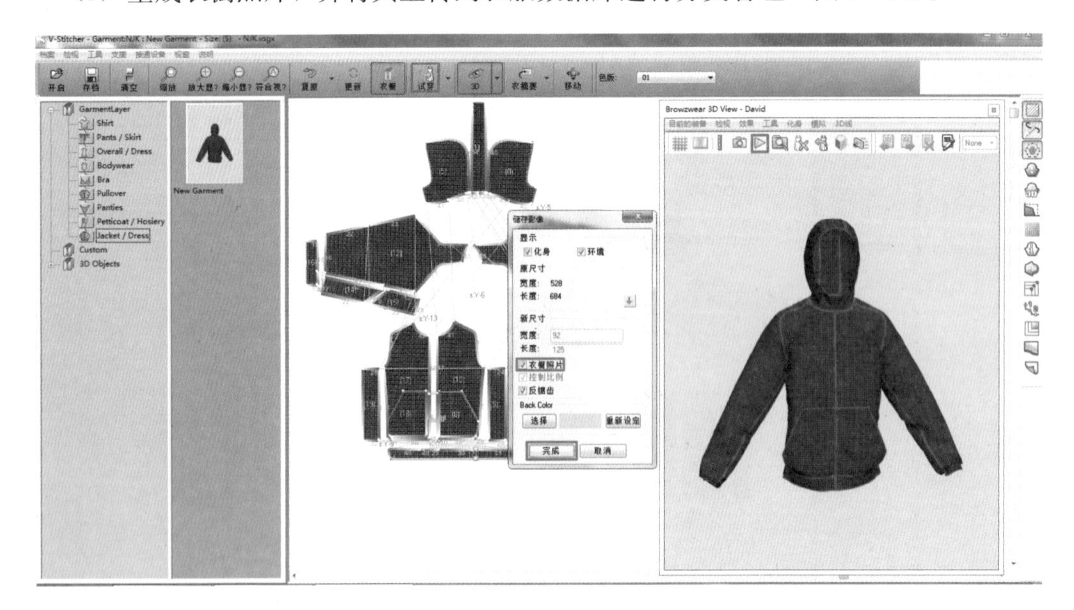

图 3−74　将衣橱照片上传到衣服数据库进行分类管理

第五节　牛仔裤

本节主要介绍如何用服装 VSD 软件制作牛仔裤 CAD 样板并进行三维仿真试衣。

（1）汇入 DXF 样板文档。

（2）编辑服装分类信息并存档。

（3）处理汇入的二维服装 CAD 样板（见图 3—75）。

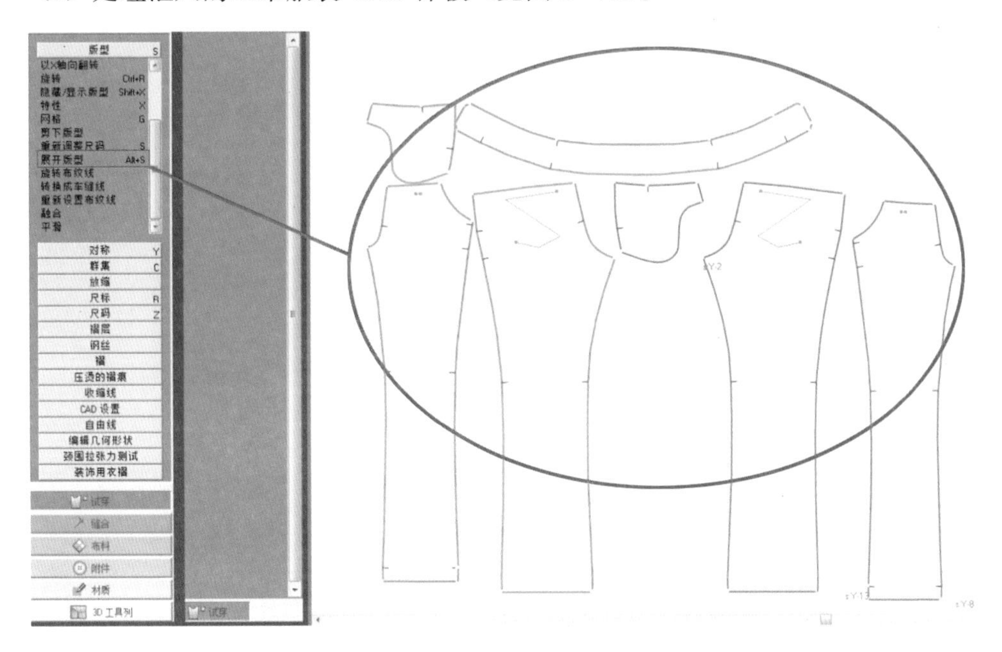

图 3—75　处理汇入的二维服装 CAD 样板

（4）使需要的样板对称（见图 3—76）。

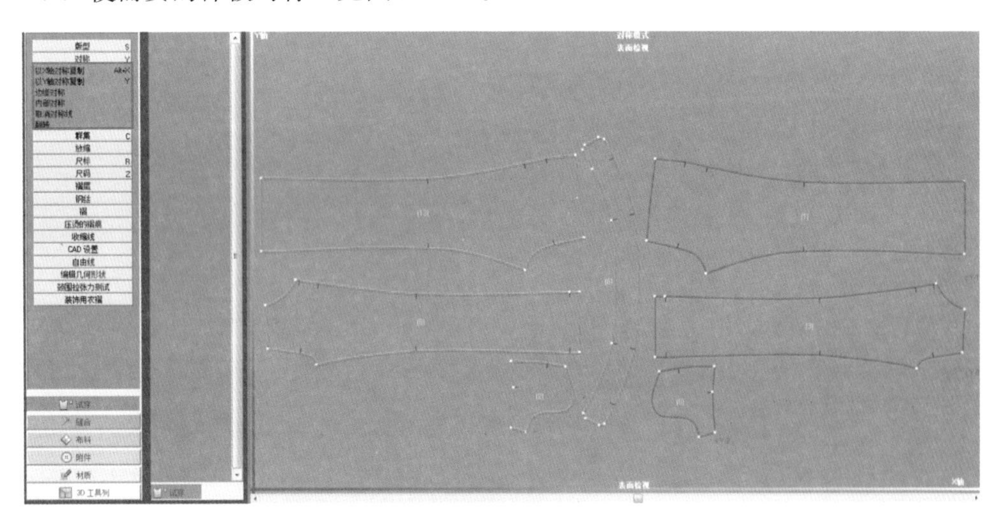

图 3—76　使需要的样板对称

（5）创造和编辑群集。

①创造新群集（见图 3—77）。

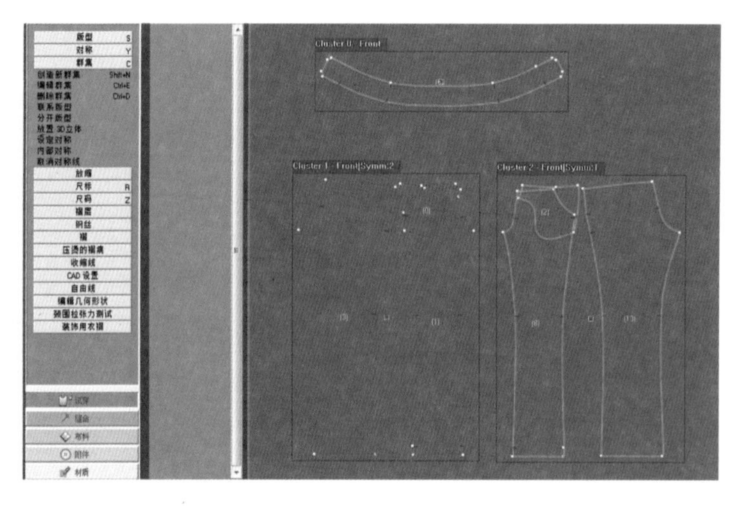

图 3−77　创造新群集

②编辑群集，包括：腰带群集、左边样板群集、右边样板群集（见图 3−78～图 3−80）。

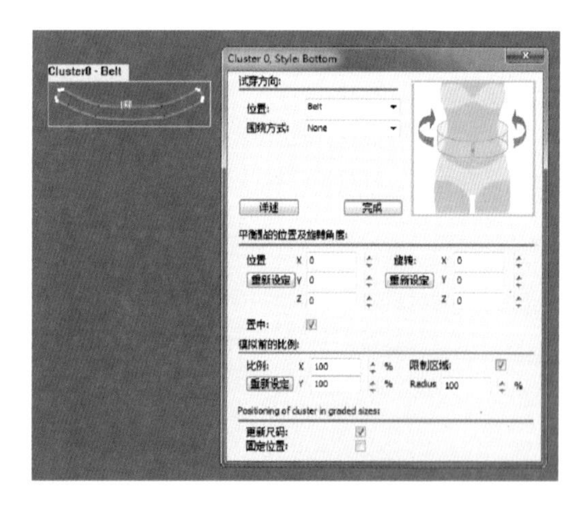

图 3−78　设置腰带群集

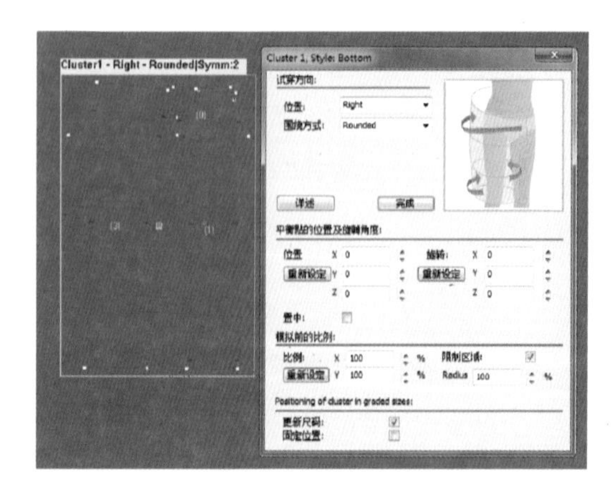

图 3−79　设置左边样板群集

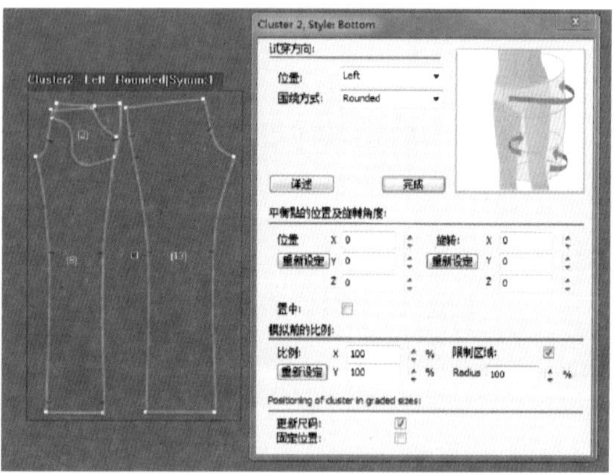

图 3−80　设置右边样板群集

（6）车缝。

①采用普通车缝进行单边对单边缝合（见图 3—81）。

②采用一边对多边车缝进行一边对两边缝合（见图 3—82）。

③缝合完成的效果如图 3—83 所示。

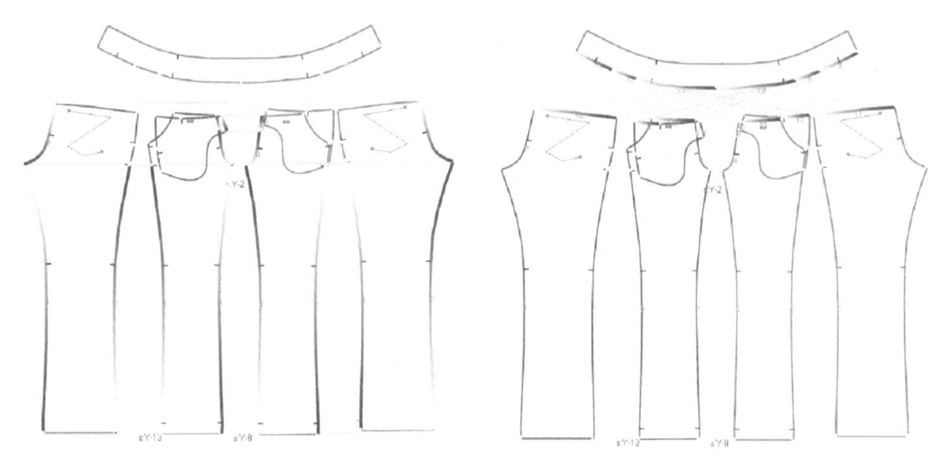

图 3—81　单边对单边缝合　　　　图 3—82　一边对两边缝合

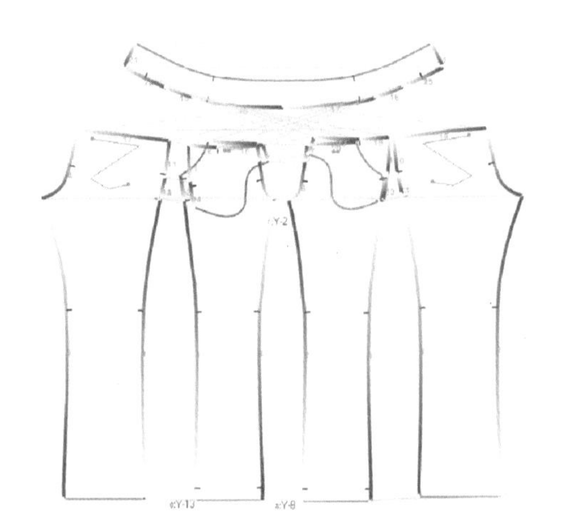

图 3—83　相对应边缝合完成的效果

（7）将布料植入样板。

①选择布料的物理性质（见图 3—84）。

②选择布料的表面图像（见图 3—85）。

③放置布料（见图 3—86）。

④接缝织物。

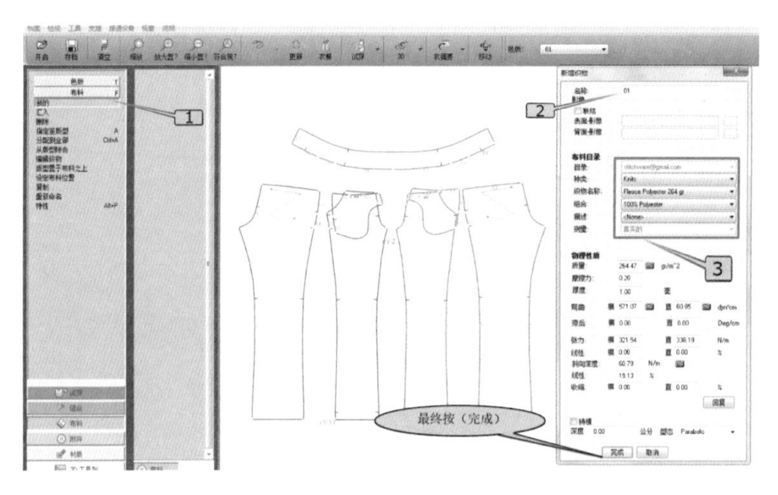

图 3－84 选择布料的物理性质

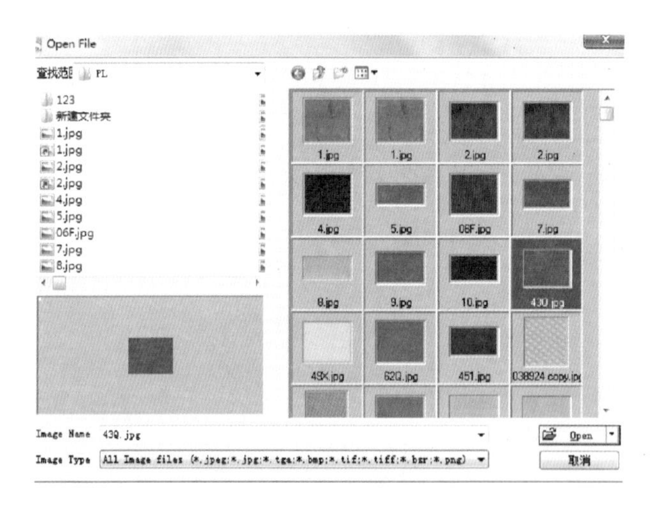

图 3－85 选择布料的表面图像

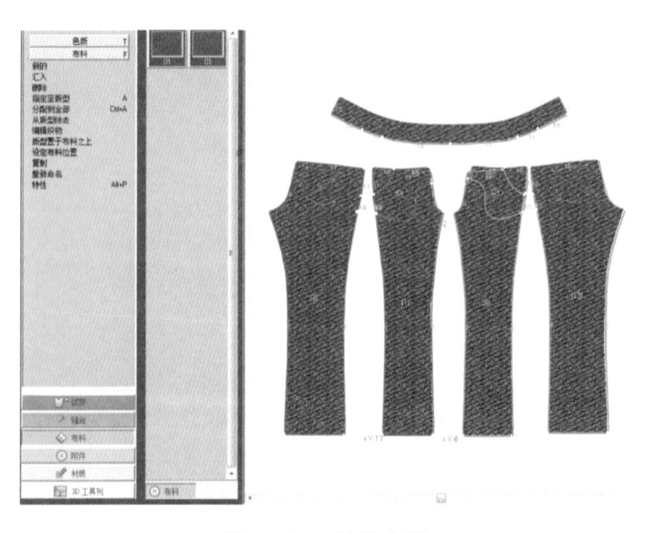

图 3－86 放置布料

（8）附加 logo 到样板上（见图 3－87）。

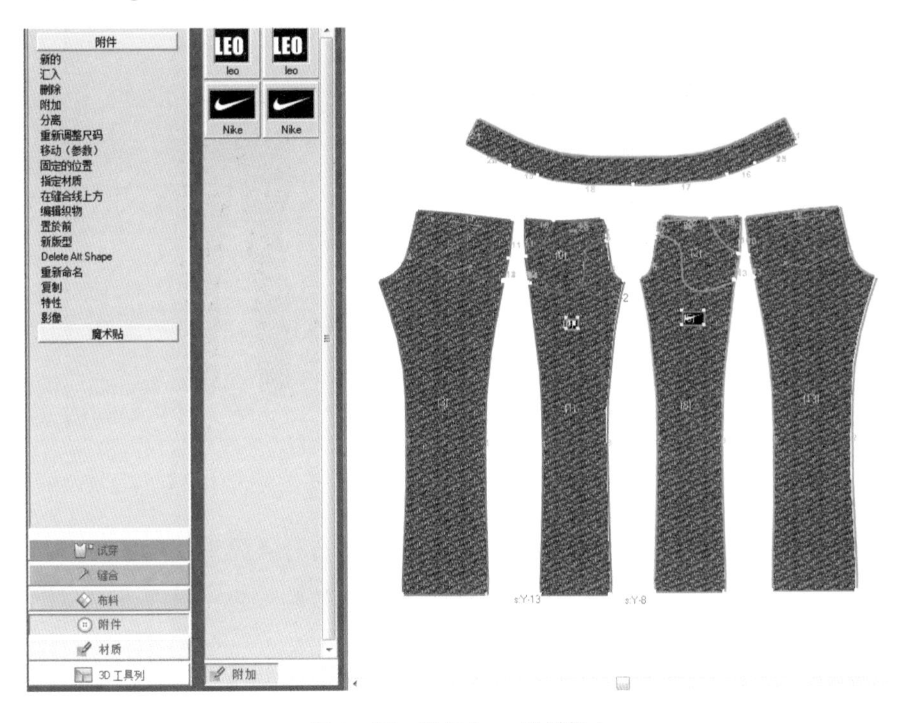

图 3－87　附加 logo 到样板上

（9）进行三维仿真试衣（见图 3－88～图 3－90）。

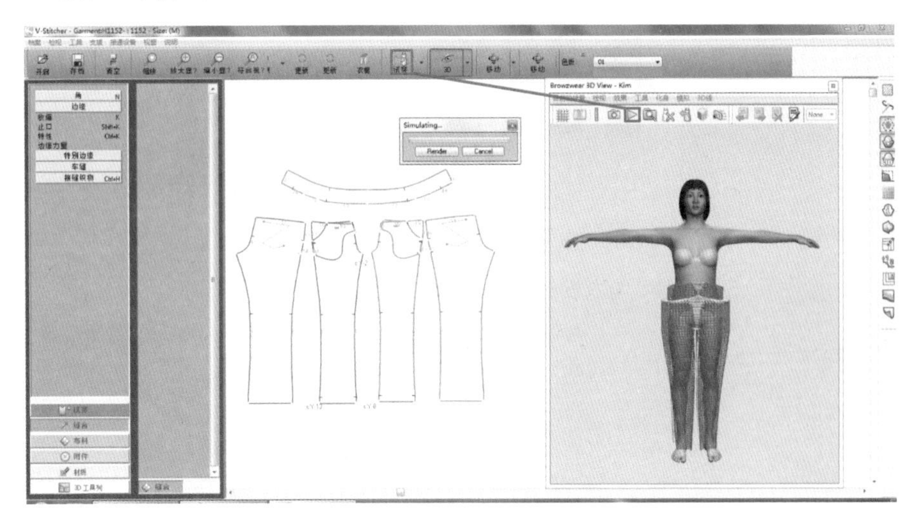

图 3－88　三维仿真试衣

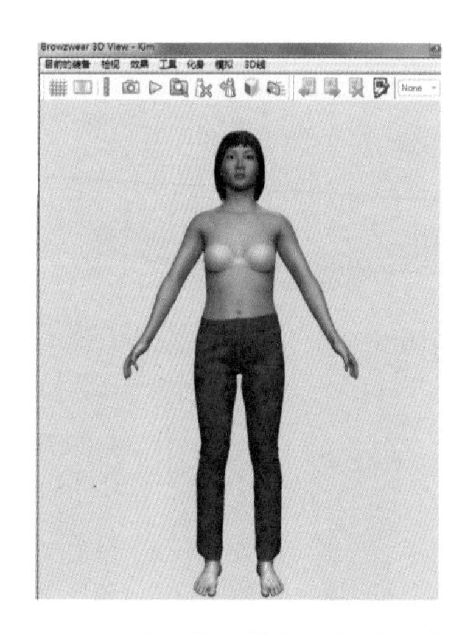

图 3－89　有三维人体模型的试衣效果

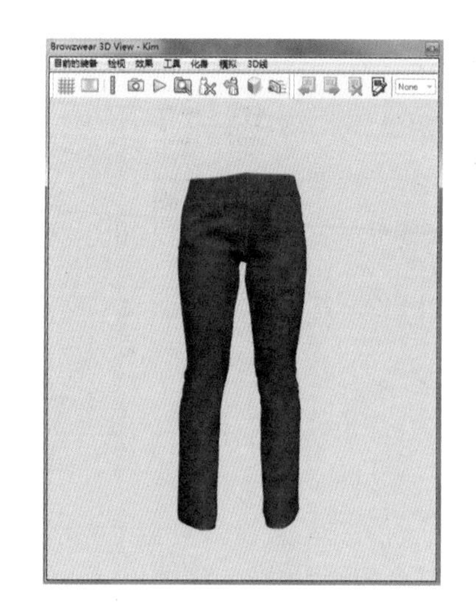

图 3－90　无三维人体模型的试衣效果

（10）生成衣橱照片，并将其上传到衣服数据库进行分类管理（见图 3－91）。

图 3－91　将衣橱照片上传到衣服数据库进行分类管理

思考与练习

1. 运用服装 VSD 软件的二维服装 CAD 样板工作区绘制 5 款二维服装 CAD 样板，并进行可视缝合设计与三维仿真试衣。

2. 用其他服装 CAD 软件制作 5 款二维服装 CAD 样板，以 DXF 格式导入服装 VSD 软件，进行可视缝合设计与三维仿真试衣。

附录一：服装 VSD 软件常用快捷键

按键	说明	按键	说明
Ctrl+1	创造样板	Ctrl+2	复制样板
R	旋转样板	Shift+X	隐藏/显示样板
Alt+S	展开样板	D	删除样板
X	样板特性	G	样板网格
S	重新调整样板尺码	Alt+X	以 X 轴对称复制样板
y	以 Y 轴对称复制样板	Shift+N	创造新群集
Ctrl+E	编辑群集	Ctrl+D	删除群集
Ctrl+G	放缩点	R	边缘长度
Shift+R	测量距离	Shift+Z	管理尺码
F12	褶层特性	F10	褶特性
P	创造钉	Shift+D	移除点：点
Shift+P	移除点：钉	V	移动点：单一个
Shift+V	移动点：多数个	Shift+A	点的属性
Ctrl+0	创造自由线	B	移动自由线
F2	旋转三维人体模型	Ctrl+B	移动点的位置
v	隐藏三维人体模型		

附录二：服装 VSD 软件常用术语中英文对照表

内外服装分类	英文	中文
1	Panties	内裤
	Body Wear	贴身装束
	Bra	内衣
2	Petticoat/Hosiery	衬裙/连体袜
	Pants/Skirt	裤子/裙子
3	Overall/Dress	连体服/礼服
	Shirt	衬衫
4	Pullover	毛衣
5	Jacket/Coat	夹克/大衣
	None	空的
	Right	右边
	Straps	肩带
	Hood	帽子
	Parallel to floor	平行腰带
	Scarf	围巾
	Back	后片
	Gusset	衣袖
	Front	前片
	Thong	内裤
	Collar	领子
	Belt	腰带
	Sleeve Shrug	连体袖子
	Left	左边